超简单 川菜

高玉才 ◎ 主编

U0225790

吉林科学技术出版社

作者简介
AUTHOR

高玉才 吉林工商学院教授,享受国务院特殊津贴专家,吉林省拔尖创新人才,吉林省第四批高级专家,国家高级烹调技师,国家公共营养技师,中国烹饪大师,餐饮业国家级考评员,国家职业技能裁判员,吉林省饭店餐饮烹饪协会副会长,吉林省名厨专业委员会会长,吉林省药膳专业委员会会长,吉林省营养学会副理事长,长春市饭店餐饮烹饪协会常务副会长、秘书长。

主　　编	高玉才					
编　　委	李英明	滕　飞	陈伟东	胡希明	刘乾龙	吕海东
	王大鹏	尤亮亮	王　鑫	宋连富	刘跃臣	方中发
	李伟一	王玉龙	王　震	岳　涛	毕　凯	耿新越
	苏　鹏	张殿国	宋志强	唐大辉	李　伟	高　强
	赵新良	李宏宽	李　勇	景　铭	兰志飞	李凯华
	李书林	王新元	杜　凯	张治军	蒋志进	刘志刚
封面摄影	王大龙					

鸣谢单位:
长春市饭店餐饮烹饪协会
吉林工商学院烹饪研究所
广东省东莞市百味佳食品有限公司

Foreword 前言

　　讲究营养和健康是现今的饮食潮流，享受简单便捷的美味佳肴是我们的一种减压方式。人人都希望拥有健康的身体，而影响健康的因素有很多，其中最为重要的也是与我们日常生活密不可分的就是饮食了。面对五光十色的各种食材和菜肴，吃什么、怎样吃，怎样搭配合理，怎样才能健康饮食，是我们每天面临的最大选择，据此我们为读者精心编写了《超简单》系列图书。

　　《超简单》系列图书着重从简单、健康和家常三方面入手，就是从家庭最简单的日常饮食入手，突出菜肴的简单、便捷、营养和实用，以满足不同地区美食爱好者的需要。

　　饮食健康是一种艺术，也是一门学问。《超简单》系列图书用准确、简短、清晰的文字，精美的图片，为您解读很多在健康和饮食等方面的疑惑，让您茅塞顿开，轻轻松松地达到健康和营养的目标。

　　此外，在以简单、健康和家常为出发点的前提下，《超简单》系列图书在编写方面更加突出直观的特点。图书以清新亮丽的菜肴图片为主，辅以简要明了的文字说明，使其图文并茂。不论是烹饪的高手，还是初涉厨事的朋友，都能一看就懂，按图操作。书中详细地描述菜肴制作的原理和精髓，真正体现出菜肴的直观性。

　　美食是一种享受生活的方式，忙碌的现代人没有太多业余时间去享受生活，但吃饭是每天必不可少的事情。希望《超简单》系列图书能够成为您家庭饮食方面的好助手、好参谋，不仅可以使您很方便地制作各种美食，而且可以在烹调的过程中享受到其中的乐趣，并且感受到美食中那一份醇美、那一缕温暖、那一种幸福。

目录

超简单
川菜

Part 1 >>>>
美味爽口小凉菜

Part 2 >>>> 浓香可口热炒菜

Part 3 >>>>
风味独特汤煲羹

Part 4 >>>>
特色主食和小吃

COOK

超简单川菜之

原料

　　烹饪原料又称烹调食材，是指供给人类通过烹饪手段制作出可以满足人们食品需要的物质材料，这些材料包括天然材料和经过加工的材料，是人们通过膳食为人体提供必需营养成分的主要物质来源。

　　我国烹饪素以择料严谨而著称。清代袁枚对选料作过论述："凡物各有先天……物性不良，虽易于烹之，亦无味也……大抵一席佳肴，司厨之功居其六，采办之功居其四。"换句话说，美味佳肴的制作取决于烹调水平的高低，而烹调水平的发挥，则在一定程度上取决于原料的选用。由此可见，原料选用是制作菜肴的重要环节。正宗川菜之所以有其特点，与其所用的原料有着密切的关系。如制作回锅肉、鱼香肉丝等，如果选料和用料不对，就很难领略到正宗味道。

魔　芋　　魔芋又称雪魔芋，为魔芋的加工制品，四川特产，为峨眉山金顶卧云庵的僧人所创。雪魔芋的做法是将魔芋粉加上米粉调成糊，入锅搅煮至熟，舀入方盘内凝固成大片状，再经雪压、风吹、日晒两个月以上而成。魔芋成品呈褐色，内呈海绵状。食用魔芋时先以温水泡软，再行烹调，适宜烧烩、凉拌等，成菜质地柔韧，满口留香，别有风味。

玉兰片　　玉兰片又称兰片，为毛竹笋的干制品。玉兰片系用未露土和刚出土的幼嫩冬笋的笋尖，经过蒸煮、切片、熏磺、焙干等程序加工而成的一种高级笋干。因形似玉兰花花瓣状，故名。玉兰片品种有冬片、春片、尖片、桃片等。品质以尖片为最好。选用时以干爽肉厚，梗小洁净者为上品，经水发后供使用。玉兰片入馔宜烧、烩等，成菜有脆嫩、清甜、醇香的特点。

芽　菜　　芽菜为青菜变种的嫩茎的腌制品，为四川特产。芽菜有甜、咸两种，咸芽菜色青黄、润泽、根条均匀、脆嫩味香，产于四川南溪、泸州和重庆的永川等地，以南溪所产最著名；甜芽菜色褐黄、润泽发亮、根条均匀、气味甜香，质地脆嫩，主产于宜宾，因宜宾古称叙府，故称叙府芽菜。川菜中，芽菜主要用以提味增鲜和体现风味，如干煸、干烧类菜式以及部分面臊和馅心。

酸 菜

酸菜是我国各地,尤其是北方地区常见的腌渍品种,而北方地方用于制造酸菜的原料一般为大白菜,而四川酸菜一般选用叶用青菜,进行腌制后而成。酸菜因其腌渍时间长(多为周年以上),酸味较重,故名。在川菜当中,酸菜一般不直接食用,主要用于夏秋季节汤菜、烧烩菜式或面臊的调味和配料,有清热、解暑、开胃、解腻的作用。

竹笋又称伯萌、竹胎,为竹类植物的幼芽、嫩茎。我国竹的种类有150余种,主要分布于长江流域及西南、华南等地。竹笋含蛋白质、糖类、钙、磷、铁以及胡萝卜素和多种维生素,属高蛋白、低脂肪食物,竹笋还含有大量的纤维素,能促进肠道蠕动,去积食、防便秘,是减肥佳品。竹笋入馔,具有质脆、爽嫩、甘香的特点。除供鲜食外,还可以加工成笋干、盐笋和罐头等。

竹 笋

腊 肉

腊肉是用鲜猪肉(或其他肉类如牛肉、羊肉、兔肉、鸡肉、鸭肉、鱼肉等)切成条状,用白糖、精盐、白酒、生姜、葱等拌匀腌制入味,再经过烘焙、熏烤以及日晒加工而成。因以前民间一般在农历十二月(腊月)加工制作,利用冬天特定的气候条件促进其风味的形成而得"腊肉"之名。腊肉多为家庭制作,尤以农家为盛,熟后腊肉肥肉色黄呈半透明状,味咸鲜,带浓郁的烟香味。

糟蛋为鲜鸭蛋(也有用鹅蛋、鸡蛋的)的腌制加工食品,系用酒、糟、盐、糖等的混合液浸泡而成。我国以四川宜宾所产的叙府糟蛋和浙江平湖所产的平湖糟蛋最为著名。糟蛋质地软嫩,色泽酱黄,光洁发亮,营养丰富,食之细嫩爽口,醇香甘美,为一风味独特的食品。川菜中多将其用温开水浸泡后,撕去蛋膜、剖开放盘中,加白糖、香油调匀作冷碟用,也用作冷菜怪味的调料。

糟 蛋

豆 渣

豆渣又称豆腐渣、雪花菜等,为制豆腐时滤去浆汁后余下的渣滓。随着科学的发展,人类文化素质的提高,人们已从营养学的角度开始重新认识豆渣。经研究证明,大豆中有一部分营养成分残留在豆渣中,一般豆渣含有丰富的蛋白质、碳水化合物、钙、磷、铁等矿物质。食用豆渣能降低血液中胆固醇含量,减少糖尿病人对胰岛素的消耗,还有预防肠癌及减肥的功效。

超简单川菜之 调料

　　正宗川菜之所以有其特点, 与其所用的调料有着密切的关系。如制作水煮鱼、小炒肉等, 如果不用四川的郫县豆瓣和泡辣椒, 就很难领略到正宗味道。我们有时候学习川菜, 虽然掌握了一些川菜的烹制、调味技术, 但是没有烹制川菜的一些必要的调料, 烹制出来的川菜总不够"正宗"。可见要烹制川菜, 有些调料是必不可少的。

川盐(精盐) 盐有海盐、池盐、岩盐、井盐之分, 其来源和制法不同。川盐在烹调上能定味、提鲜、解腻、去腥。川菜烹饪常用的盐是井盐, 其氯化钠含量高达99%以上, 味纯正, 无苦涩味, 色白, 结晶体小, 疏松不结块。以四川自贡所生产的井盐为盐中最理想的调味品。

泡红辣椒 泡红辣椒又称"鱼辣子"、"泡辣椒"等, 为鲜红辣椒的盐渍制品, 四川特有的调味料。泡红辣椒多用泡菜盐水浸渍而成, 品质以色鲜红, 肉厚, 酸咸适度, 辣而不烈为佳。泡红辣椒可作泡菜直接食用, 也可作菜肴的小配料(四川俗称小料子、小宾俏), 用以菜肴的增色、增味。此外泡红辣椒的主要用途则是作为鱼香味型的主要调味料, 家常味型的辅助调味料, 用以增色和体现四川的风味。

醪糟 醪糟又称酒酿, 俗称蒸醪糟, 为糯米和酒曲酿制而成的酵米。醪糟四川以前多为家庭制作, 也有小型作坊作商品性生产, 如成都的"金玉轩"即是以此出名。醪糟成品色白汁多, 味纯, 酒香浓郁。在川菜中, 主要用作配料(如醉八仙、香醪鸽蛋等)、调料(如糟醉冬笋、醉鸡等), 此外也可代替料酒使用。

香糟 香糟为用小麦和糯米加曲发酵而成的一种特殊调味品,其香味浓厚,含有10%左右的酒精,有与黄酒同样的调味作用。香糟可分白糟和红糟两种,白糟为绍兴黄酒的酒糟加工而成;红糟是在酿造过程中加入5%的天然红曲米而色泽红润,为我国福建的特产。川菜中使用香糟,主要用于突出其风味的菜式。

花椒油 花椒油又称椒油,为生花椒用热油浸泡而成的调味品。花椒油既保留了花椒香麻的风味特点,又可避免因使用花椒粉而损害菜肴的感官性能。在川菜中主要用于冷菜,用于烧、炒类菜式中,可代替花椒粉。

胡椒 胡椒又称浮椒、玉椒、古月,为胡椒科植物胡椒的果实,经晒干后研细供用。胡椒分黑、白两种。黑胡椒品质以粒大饱满,色黑皮皱,气味强烈者为好;白胡椒品质以个大,粒圆坚实,色白,气味强烈者为良。胡椒的主要成分是淀粉、粗脂粉、粗蛋白和可溶性氮,其辛辣芳香味主要来源于所含的胡椒碱和芳香油,有温中、下气、消痰、解毒之功。川菜使用胡椒入馔主要用于烧烩类菜式,也用于汤菜,借以增味、增香。

豆瓣酱 豆瓣酱为四川特产,以胡豆为原料,经去壳、浸泡、蒸煮制成曲,然后按传统方法下池,加醪糟、白酒、盐水淹及豆瓣,任其发酵而成。成熟的豆瓣醢如配以辣椒酱、香料粉即成辣豆瓣;如配入香油、金钩、火腿等,即成香油豆瓣、金钩豆瓣、火腿豆瓣等。辣豆瓣色泽红亮油润,味辣而鲜,是川菜的重要调味品,以郫县所产为佳。咸豆瓣黄色或黄褐色,有酱香和酯香气,味鲜而回甜,为佐餐佳品,以郫县和资阳临江所产最为著名。

豆豉 豆豉是以黄豆、黑豆经蒸煮、发酵而成的颗粒状食物。豆豉又分为干豆豉、姜豆豉、水豆豉三种。干豆豉光滑油黑,味美鲜浓,川菜中多用作配料和调料。四川成都的太和豆豉和重庆的永川豆豉品质最佳。水豆豉和姜豆豉均以黄豆为原料,经煮熟、发酵后,加盐、酒、辣椒酱、香料、老姜米拌匀即成姜豆豉;如再加煮豆水即为水豆豉。此两种豆豉多为家庭制作,用作家常小菜。

超简单川菜之
味型

提起川菜，人们总会想到"麻辣"，但川菜的味道绝不
是"麻辣"两个字能形容的。川菜的基本味型为麻、辣、鲜、
咸、酸、苦六种，在六种基本味型的基础上，又可调配变化
为多种复合味。如有咸鲜、微辣的家常味型；咸、甜、酸、
辣、香、鲜的鱼香味型；各味皆具的怪味型，以及不同层次、
不同风格的红油味型、煳辣味型、陈皮味型、椒麻味型等。

川菜以麻辣味著称，但并不以麻辣压其他味。单以香
字而论，就有酱香味型、五香味型、香糟味型、烟香味型、咸
鲜味型、荔枝味型、糖醋味型、姜汁味型等。现在一般川菜中常用的复合味型有30多
种，主要分为三大类，第一类为麻辣类味型，有麻辣味、红油味、煳辣味、酸辣味、椒
麻味、家常味、荔枝辣香味、鱼香味、陈皮味、怪味等。第二类为辛香类味型，有蒜泥
味、姜汁味、芥末味、麻酱味、烟香味、酱香味、五香味、糟香味等。第三类为咸鲜酸
甜类味型，有咸鲜味、豉汁味、茄汁味、醇甜味、荔枝味、糖醋味等。

怪 味

怪味是四川菜中比较独特的味型，是
以川盐、酱油、花椒粉、白糖、蒜蓉、味精、
辣椒油、香油等多种调料调制而成，也有
加入姜米、蒜米、葱花的。怪味味型特点是

咸、甜、麻、辣、酸、鲜、香并重而协调，故以
怪味名之。

一般怪味的调制方法是先把芝麻酱放
碗里，加上清汤澥开，放入精盐和酱油搅拌
调和，然后放入白糖、醋和味精搅至滋味互
溶，再加入花椒粉、辣椒、香油等调拌均匀
即可。

在调制怪味过程中，各味应相互配合，
彼此共存，单一味调料都能相辅相成地在怪
味中明显地体现出来。另外调制怪味时还要
求调料的比例恰当，互不压抑，相得益彰。

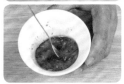

椒麻味是以四川特产的花椒为主要调味品,再搭配盐、酱油、葱叶、味精、香油等调制而成,特点是咸鲜味麻,葱香味浓。

椒麻味的调制方法是把花椒放温水中浸泡片刻,取出和香葱一起剁成末,加上盐、白糖、味精、香油和鸡汤等调匀即可。

椒麻味是以盐定咸味,重用香葱和花椒,突出椒麻味,白糖可用于提鲜,用量以食之无甜味为准;味精用量稍多,以入口有感觉为度。此外调制时需选用优质花椒方能体现风味;花椒颗粒要与葱叶一同用刀剁蓉,令椒麻辛香味与咸鲜味结合在一起。

蒜泥味是川菜常用味型之一,具有蒜香味浓,咸鲜微辣的特色。蒜泥味是把蒜瓣去皮,放在碗里,加上少许油和水捣成蓉状,加上盐、酱油、白糖、味精、香油和辣椒油调制而成。调制蒜泥味时应现拌现食,菜肴味道才鲜美,不可久存。

麻辣味是以辣椒、花椒、麻椒、精盐、料酒和味精等调制而成,为川菜中较为常见的味型,其特点为香辣咸鲜,回味略甜。

麻辣味使用的花椒和辣椒的运用则因菜而异,有的用郫县豆瓣,有的用干辣椒,有的用红油辣椒,有的用辣椒粉;而花椒有的用花椒颗粒,有的用花椒粉末。另外因不同菜式风味的不同需要,调制麻辣味时可酌加上少许白糖或醪糟汁、豆豉、五香粉、香油等,而且调制时均须做到辣而不死,辣而不燥,辣中有鲜味。

　　茄汁味是川菜近年引进及发展的味型之一，具有甜酸适口，茄汁味浓的特色，并且适宜与其他复合味配合，佐酒用饭，四季均宜。

　　调制茄汁味时需要先把番茄酱放入温油锅内煸炒出香味，出锅倒在碗内，再加上精盐、白糖、白醋、料酒、姜、葱、蒜拌匀而成。

> **★ 味型应用**   **TIPS**
>
> 　　茄汁味主要用于各种煎、炸类热菜，成品如茄汁大虾、茄汁鱼条、茄汁牛柳、茄汁肉条等。此外茄汁味还可以作为菜肴的蘸料使用。

　　麻酱味是川菜常用味型之一，具有芝麻酱香，咸鲜醇正等特色。一般麻酱味是以芝麻酱、香油、川盐、味精、浓鸡汁等调制而成。少数菜品也酌加酱油或辣椒油(如麻酱凤尾)。调制时芝麻酱要先用香油调散，令芝麻酱的香味和香油的香味融合在一起，再加调料拌匀。

　　芥末味是以川盐和芥末为主要调味料，再加入酱油、醋、味精和香油等调制而成，其特点是咸鲜酸辣，芥末味浓。

　　调制芥末味时，需要先把芥末糊(或者芥末粉)放小碗内，先加入适量的汤汁调散，把小碗密封30分钟使芥末味突出，再加入精盐、白糖、醋、味精、香油等调匀即可。有时候芥末味中还可以加入酱油，但是酱油宜少用，以免影响菜品色泽。

香糟味是以盐定咸味,香糟汁用以出异味,增香味,用量较大,冰糖增色提鲜,辅助香糟汁的甜味和香味;姜、葱、料酒去除异味,但用量以不压糟香味为宜。

红油味

红油味是以特制的红油与酱油、白糖、味精调制而成,四川的部分地区在调制红油味时,还需要加醋、蒜泥或香油等。红油味具有咸鲜辣香,回味略甜的特色。红油味用于以鸡、鸭、猪、牛等家禽家畜肉类原料,也适用于块茎类鲜蔬为原料的菜肴,名菜如红油鸡片、红油肚梁、红油笋片等。

家常味

家常味是以郫县豆瓣、红辣椒、川盐、酱油等调制而成,因四川人"家居常有"故得其名。家常味的特点是咸鲜微辣,因不同菜肴风味所需,调制家常味时也可酌量加上泡红辣椒、料酒、豆豉、甜酱及味精等。家常味的应用广泛,风味名菜如家常海参、回锅肉、盐煎肉、家常豆腐、家常牛筋、太白鸡等。

糊辣味广泛运用于热菜和冷菜,也是独具特色的川菜味型。糊辣味是以川盐、干红辣椒、花椒、酱油、醋、白糖、姜、葱、蒜、味精、料酒调制而成,口味特点是香辣,以咸鲜为主,略带甜酸,风味名菜有糊辣鸡丁、糊辣扇贝、糊辣肚片、花椒鸡丁、烧拌冬笋等。

糊辣味

咸鲜味

咸鲜味是川菜常用味型之一,具有制作简单,咸鲜清香的特点。咸鲜味常以川盐、味精调制而成,但因不同菜肴的风味需要,也可用料酒、酱油、白糖、香油及姜、胡椒等调制。调制时须注意掌握咸味适度,突出鲜味,并努力保持蔬菜等烹饪原料本身具有的清鲜味。

鱼香味是川菜中最为著名的味型,因源于四川民间独具特色的烹鱼调味方法,故名。鱼香味是用盐、酱油、白糖、米醋、泡辣椒、姜、葱、蒜等调制而成,特点是咸辣酸甜,具有川菜独特的鱼香味。成品如鱼香肉丝、鱼香大虾、过江鱼香茄饼、鱼香茄子、鱼香鸭方等。

鱼香味

超简单川菜之

菜式

川菜不仅有其独特的原料、调料、味型，其具有的各式菜式也非常丰富。川菜的菜式主要由高级宴会菜式、普通宴会菜式、大众便餐菜式、家常风味菜式、火锅、风味小吃六个部分组成。六个部分之间既各具风格特色，又互相渗透和配合，形成一个完整的四川菜体系，对各地各阶层甚至对国外，都有广泛的适应性。

六大菜式

高级宴会菜式一般烹制比较复杂，工艺也非常精湛。宴会菜式的原料一般较多采用山珍海味，配以时令菜蔬，要求品种丰富，调味清鲜，色味并重，形态夺人，气派壮观。

普通宴会菜式是相对于高级宴会菜式而言的，一般是指工作上、节假日时的聚会。普通宴会菜式要求就地取材，荤素搭配，汤菜并重，加工精细，经济实惠，朴素大方。

大众便餐菜式主要是指亲朋好友之间的聚会，其以烹制快速、经济实惠为主要特点，而菜肴也以大家喜欢的口味为主，如宫保鸡丁、鱼香肉丝、水煮肉片、麻婆豆腐等。

家常风味菜式为最常见的菜式之一，其基本要求是要取材方便，操作易行，如川菜中著名的回锅肉、盐煎肉、干煸牛肉丝、蒜泥白肉、肉末豌豆等菜式，是深受大众喜爱又是食肆餐馆和家庭大都能够烹制的菜肴。

火锅是一种具有悠久历史的食具，距今已有上千年的历史，它是从古代的"鼎"逐渐演化而来的。火锅常见的有红汤(以麻辣味为主)和白汤(以咸鲜味为主)，但也有一种鸳鸯锅，锅里分为两部分，可同时盛装麻辣的红汤和咸鲜的白汤。四川人非常喜欢吃火锅，不但在寒冷的冬天吃火锅，就是在高温、挥扇不停的炎夏也照吃不误。

四川的风味小吃多以米面、杂粮制作而成，以精巧玲珑、调味讲究、经济实惠为特色。许多有名的四川小吃都发源于旧时城镇的沿街叫卖的小贩，经历上百年的发展，如今已形成如龙抄手、钟水饺、担担面、珍珠丸子、夫妻肺片等具有中化老字号的招牌小吃。

超简单 川菜

Part 1 美味爽口小凉菜

▶八宝菜菜

材料 菠菜、胡萝卜丝、冬笋丝、香菇丝、火腿丝、海米、杏仁、核桃仁、口蘑片各适量，葱丝、姜丝各少许，精盐、鸡精、料酒、香油、植物油各适量。

🍲 制作步骤 ZHIZUO BUZHOU

1. 火腿切成细丝；菠菜洗净，切成小段，放入沸水锅中焯烫一下，捞出过凉，挤干水分，放入碗中。

2. 锅中加入植物油烧热，下入葱丝、姜丝、火腿丝、海米、料酒煸炒出香味，出锅。

3. 放入盛有菠菜的碗中，再加入其他原料、精盐、鸡精和香油拌匀即可。

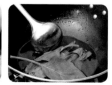

▶ 珊瑚 萝卜卷

材料 白萝卜500克, 胡萝卜150克, 精盐1小匙, 酸甜汁适量。

制作步骤 *ZHIZUO BUZHOU*

1. 白萝卜去根, 削去外皮, 切成大薄片, 放入淡盐水中浸泡; 把胡萝卜洗净, 去外皮、去黄心, 切成细丝, 也放入淡盐水中浸泡。

2. 将白萝卜片、胡萝卜丝取出, 再放入冷开水浸透, 捞出、挤干水分, 再放入甜酸汁拌匀, 浸渍4小时, 取出。

3. 将白萝卜片逐片摊开, 胡萝卜丝做芯裹成小卷, 切成马耳朵形, 码放在盘内, 淋上少许酸甜汁即成。

▶椒麻桃仁

材料 鲜核桃仁200克，嫩豆苗少许，葱叶20克，花椒10克，精盐、酱油、味精、鸡汤、香油各少许。

🍲 制作步骤 ZHIZUO BUZHOU

1. 将鲜核桃仁放在碗内，加入适量沸水拌匀，盖上碗盖后略泡，取出，撕去皮衣；嫩豆苗洗净。

2. 将花椒、葱叶洗净，剁碎，放在小碗内，加入精盐拌匀成葱椒蓉。

3. 再加入酱油、味精、鸡汤拌匀，放入核桃仁拌匀，淋上香油，放在盘内，撒上嫩豆苗即成。

▶四喜辣白菜

材料 大白菜1棵，苹果粒50克，花生仁、腰果、榛子仁、瓜子仁各25克，辣椒粉30克，蒜末15克，姜末10克，精盐、白糖、白醋各4小匙。

🍲 制作步骤 ZHIZUO BUZHOU

1. 大白菜洗涤整理干净，切成小块，放入盆中，加入2小匙精盐拌匀稍腌，沥去水分。

2. 苹果粒、蒜末、姜末放入碗中，加入剩余的精盐、白糖、白醋、辣椒粉调匀成腌料。

3. 大白菜块放入容器内，加入腌料拌匀，用保鲜膜密封，把大白菜放入冰箱中腌24小时，食用时加上花生仁、腰果、榛子仁和瓜子仁拌匀即可。

▶青城老泡菜

材料 白萝卜、胡萝卜、黄瓜、大红辣椒、菜心各适量, 老姜、蒜瓣、花椒、甘草、红干椒、精盐、白酒各适量。

🍲 制作步骤 *ZHIZUO BUZHOU*

1. 将白萝卜、胡萝卜分别洗净, 切成大块; 黄瓜洗净, 切成两半; 大红辣椒去蒂, 洗净; 老姜去皮, 洗净; 蒜瓣去皮、洗净、拍散。

2. 锅内加入清水、红干椒、花椒、老姜、甘草、蒜瓣、精盐和白酒烧沸, 小火熬煮成泡菜汁, 出锅倒在泡菜坛内, 晾凉。

3. 把各种加工好的蔬菜晾干水分, 放入泡菜坛内搅拌均匀, 盖上盖, 坛外边沿倒上清水, 置阴凉通风处腌泡入味。

4. 食用时取出腌泡好的各种蔬菜, 改刀切成小条(或其他形状), 码放在盘内, 淋上少许泡菜汁, 上桌即可。

▶醋汁豇豆

材料 长豇豆250克,老姜25克,精盐1小匙,味精少许,米醋4小匙,香油2小匙,鲜汤1大匙。

🍲 制作步骤 ZHIZUO BUZHOU

1. 长豇豆去掉豆筋,洗净,切成5厘米长的小段,放入沸水锅中焯至断生。

2. 捞出豇豆段过凉,沥去水分,放入容器中,加入精盐拌匀,腌渍入味,码放入盘中。

3. 老姜去皮,洗净,切成细末,放入碗中,先加入精盐、米醋调匀,再加入鲜汤、味精、香油调匀成味汁,浇在豇豆段上即成。

▶辣椒凤爪

材料

凤爪1000克,青椒、红椒200克,大蒜、姜丝、辣椒粉、白糖、味精、虾酱、白醋各适量。

🍲 **制作步骤** ZHIZUO BUZHOU

1. 将青椒、红椒均洗净,切成小块,凤爪洗涤整理干净,放入沸水锅内煮熟,捞出,放在水盆内浸泡。

2. 大蒜去皮,捣成蒜蓉,加入白糖、虾酱、白醋、味精、辣椒粉拌成泡腌调味料。

3. 将青椒块、红椒块、凤爪、姜丝拌和在一起,一层一层地装入坛内,层层抹匀泡腌调味料,置于阴凉处泡12小时,装盘即可。

▶五香酱干

材料 豆腐1大块（约500克），葱段10克，姜片10克，八角3个，陈皮3克，小茴香2克，花椒1克，肉汤750克，精盐、酱油、白糖、植物油各适量。

🍲 制作步骤 ZHIZUO BUZHOU

1. 将豆腐四周的硬边去掉，放入沸水锅内焯一下以去掉豆腥味，捞出豆腐。

2. 把豆腐放入清水中洗净过凉，切成厚1厘米、5厘米见方的小块，用纱布包裹好。

3. 净锅置火上，加入植物油烧至六成热，用葱段和姜片炝锅出香味，加上八角、陈皮、小茴香、花椒、精盐、肉汤、酱油和白糖，小火熬煮10分钟成酱汁。

4. 将包裹好的豆腐放入酱汁锅内，加盖后煮约15分钟，离火。

5. 取出纱布包，去掉纱布，晾凉后成"五香酱干"，食用时将"五香酱干"切成条块，码盘上桌即成。

▶黄酒醉鸡

材料 净三黄鸡1只,葱段、姜片各15克,精盐2小匙,黄酒5大匙,花椒盐适量。

🍲 制作步骤 ZHIZUO BUZHOU

1. 将三黄鸡洗涤整理干净,放入清水锅中烧沸,焯烫一下,捞出、过凉,沥去水分。

2. 净锅置火上,加入清水,放入三黄鸡、葱段和姜片烧沸,再加入2大匙黄酒,转小火煮约25分钟,捞出三黄鸡。

3. 容器中加入煮鸡的汤汁,加入黄酒、精盐、花椒盐调成醉卤汁,再放入三黄鸡浸卤至入味,食用时取出,切成小块,装盘即成。

▶怪味鸡块

材料 净仔鸡1只，葱段、姜片各10克，芝麻酱1大匙，鸡汤3大匙，精盐、酱油、米醋、白糖各少许，味精、花椒粉、辣椒油、香油各适量。

🥢 制作步骤 ZHIZUO BUZHOU

1. 净仔鸡放入锅内，加入清水、葱段、姜片烧沸，改用小火煮至刚熟，离火后浸泡在原汤内，晾凉后取出，剁成块，码放在盘内。

2. 将芝麻酱放在碗里，先用鸡汤调开，再加入酱油、米醋、味精、白糖、香油、辣椒油和花椒粉调成怪味汁，淋在盘内鸡块上即成。

▶椒麻仔鸡

材料 净仔鸡1只（约750克），熟花生仁、香菜末、熟芝麻各少许，葱花适量，精盐1小匙，酱油、味精、白糖、香油、辣椒油各2小匙，植物油适量。

🥢 制作步骤 ZHIZUO BUZHOU

1. 将仔鸡洗净，放入清水锅中煮至刚熟，捞出仔鸡，表面涂抹上少许精盐和酱油，放入热油锅中炸至上色，取出，晾凉。

2. 葱花、精盐、味精、白糖、香油、辣椒油、香菜末、熟芝麻、花生碎放入碗中拌匀成椒麻汁，把仔鸡码放在盘内，淋上椒麻味汁，上桌即可。

‣花椒鸡丁

材料 净仔鸡750克, 红干椒25克, 葱末、姜末各5克, 花椒25克, 精盐、味精各1小匙, 料酒2大匙, 白糖1大匙, 糖色少许, 肉汤150克, 植物油750克 (约耗150克)。

🍲 **制作步骤** *ZHIZUO BUZHOU*

1. 将仔鸡洗净, 取鸡腿肉, 剔净筋膜, 在表面剞上浅十字花刀, 切成2厘米见方的丁。

2. 将鸡肉丁放在大碗内, 加入葱末、姜末、少许精盐和料酒拌匀, 腌渍10分钟; 红干椒切成小段。

3. 炒锅置旺火上, 加入植物油烧至七成热, 放入鸡肉丁并用筷子拨散, 先用小火炸定型, 再改用中火炸干水汽, 捞出沥油。

4. 锅内留底油, 复置火上烧至四成热, 放入红干椒段和花椒炸出香味。

5. 加入肉汤、料酒、糖色、白糖、精盐和味精炒浓成味汁, 关火, 倒入鸡肉丁拌匀, 晾凉, 装盘上桌即成。

▶莴笋鸡丝

材料 鸡胸肉500克，莴笋150克，精盐、芝麻酱、香油各少许，白糖、陈醋各1/2小匙，辣椒油、花椒油各1小匙。

制作步骤 ZHIZUO BUZHOU

1. 净莴笋切成丝，放入沸水锅中焯烫一下，捞出过凉，沥水；把鸡胸肉放入清水锅中烧沸，再转小火煮约10分钟至熟，捞出、晾凉。

2. 熟鸡胸肉用擀面杖轻轻敲打至松软，再撕成丝状，放入碗中，加入少许香油拌匀。

3. 把莴笋丝加入少许精盐调拌均匀，码放入大盘中垫底；再将熟鸡肉丝整齐地码放在莴笋丝上面，芝麻酱、精盐、白糖、陈醋、花椒油、香油、辣椒油拌匀成味汁，淋在鸡肉上即可。

椒麻鸡片

材料 仔鸡1只（约1250克），葱段25克，姜块15克，花椒10克，大葱叶50克，精盐1小匙，料酒、酱油各1大匙，味精少许，香油2小匙。

制作步骤 ZHIZUO BUZHOU

1. 把仔鸡去掉喉管、鸡嗉、内脏，斩去鸡爪，敲断腿骨，用水洗净血污，沥干水分。

2. 炒锅置旺火上，放入葱段、姜块、料酒和清水烧沸，放入仔鸡，再沸后撇去表面浮沫，转小火煮约30分钟至鸡熟，捞出、过凉。

3. 仔鸡取腿肉和胸肉，片成4厘米长、1.5厘米宽的片，整齐地码放在盘内成"风车型"。

4. 花椒、大葱叶和精盐放案板上，剁细成葱椒蓉，放碗内，加上酱油、味精、香油和少许煮鸡汤汁调匀成味汁，淋在鸡片上即成。

▶巴蜀酱香鸭

材料 净鸭1只（约1000克），葱段、姜片各25克，精盐、鸡精、料酒、卤水、香油各适量。

制作步骤 *ZHIZUO BUZHOU*

1. 将鸭子剁去翅尖、爪子，洗净，加入精盐、料酒、葱段、姜片拌匀，腌渍4小时。

2. 锅置火上，加入适量清水，放入鸭子烧沸，焯烫出血水，捞出、冲净。

3. 锅内加入卤水、鸭子和鸡精烧沸，转小火酱卤至鸭子熟嫩，捞出鸭子，晾凉，刷上香油，装盘上桌即可。

罗江豆鸡

材料 油豆腐皮500克，熟芝麻25克，茶叶10克，精盐、酱油、白糖、辣椒油、花椒粉、香油、清汤各适量。

制作步骤 ZHIZUO BUZHOU

1. 把精盐、酱油、少许白糖、花椒粉、辣椒油和清汤放小碗内调匀成味汁。

2. 将油豆腐皮洗净，刷上调好的味汁，再刷上香油，撒上熟芝麻，折叠成长方形的"鸡肉块"。

3. 熏锅放入茶叶、白糖，架上箅子，放上"鸡肉块"，旺火熏3分钟，取出"豆鸡"，切成条块即可。

川北凉粉

材料 豌豆500克，葱花、姜汁、蒜蓉、米醋、白糖、水淀粉、辣椒油各适量。

制作步骤 ZHIZUO BUZHOU

1. 豌豆脱壳，磨成粉，加水搅匀，用纱布过滤，取浆沉淀，滗去清水，留中层水粉下层"砣粉"。

2. 锅内加上清水烧沸，下入水淀粉搅匀，再沸后下入"砣粉"煮至熟透，出锅装碗，冷却至凝结成凉粉，取出，切成小条，码放在盘内。

3. 把葱花、姜汁、蒜蓉、米醋、白糖和辣椒油放在碗内调匀成味汁，淋在凉粉上即成。

▶豇豆猪肚丝

材料 熟猪肚200克,干豇豆150克,葱花、蒜泥各10克,精盐1/2大匙,味精、白糖、酱油各1/2小匙,辣椒油1大匙,植物油2大匙,鲜汤2小匙。

🍲 **制作步骤** ZHIZUO BUZHOU

1. 干豇豆用开水浸泡10分钟,捞出冲凉,切成长段,再放入热油锅中翻炒至熟,盛出;把熟猪肚去掉白色油脂和杂质,用清水洗净,沥净水分,切成细丝。

2. 将豇豆段、熟猪肚丝放碗中,加入精盐、味精、白糖、酱油、辣椒油、鲜汤调拌均匀,撒上蒜泥和葱花,装盘上桌即可。

▶过桥百叶

材料

牛百叶300克,熟芝麻25克,香葱15克,精盐、白糖、味精各1小匙,料酒少许,香油2小匙,辣椒油1大匙。

🌀 **制作步骤** *ZHIZUO BUZHOU*

1. 将牛百叶漂洗干净,切成8厘米见方的大片;香葱洗净,切成葱花。

2. 锅中加入清水、料酒烧沸,放入百叶片余烫一下,捞出过凉,沥去水分。

3. 碗中加入精盐、味精、白糖、辣椒油和香油调拌均匀成味汁,把百叶片码放在大盘内,淋上味汁,撒上熟芝麻、香葱花,即可上桌。

▶自贡冷吃兔

材料 兔肉750克，红干椒段50克，八角、花椒各10克，大葱段25克，老姜片少许，精盐、料酒、酱油、味精、植物油各适量。

🍲 制作步骤 *ZHIZUO BUZHOU*

1. 兔肉用淡盐水浸洗干净，剁成小块，放在碗内，加入精盐、料酒、酱油、味精拌匀，腌渍10分钟。

2. 净锅置火上，放入清水烧煮至沸，倒入兔肉块汆烫至变色，捞出沥水。

3. 净锅置火上，加入植物油烧热，加入八角、花椒炝锅出香味，放入大葱段稍炒。

4. 再放入兔肉块，加上老姜片和少许精盐，继续翻动炒匀，待锅内的水分快要炒干时，加入酱油炒至兔肉变成棕黄色。

5. 最后放入红干椒段翻至颜色变得油亮暗红，撒上味精，出锅晾凉，装盘即成。

▸川味牛肉

材料 牛里脊肉400克，冬笋75克，红干椒15克，红糖1/2大匙，精盐、料酒、胡椒粉、香油、清汤、植物油各适量。

🍲 制作步骤 ZHIZUO BUZHOU

1. 将牛里脊肉去除筋膜，洗净，切成1厘米见方的小丁；冬笋洗净，切成小丁。

2. 锅置火上，加入植物油烧热，先下入红干椒炒出香辣味，再放入牛肉丁和笋丁炒匀。

3. 然后加入清汤、料酒、红糖、精盐和胡椒粉，转小火酱煮至牛肉熟嫩入味，盛出晾凉，淋上香油，装盘上桌即可。

灯影牛肉丝

材料 牛外脊肉500克,熟芝麻25克,花椒粉、花椒油、白糖各1小匙,味精、香油各1/2小匙,卤水、植物油、辣椒油各适量。

制作步骤 ZHIZUO BUZHOU

1. 牛外脊肉洗净,切成块,放入清水锅中焯烫一下,捞入卤水锅中卤煮至熟,捞出晾凉,撕成细丝。

2. 锅中加入植物油烧热,放入牛肉丝炸干,捞出,再放入辣椒油中浸泡约30分钟,取出。

3. 牛肉丝、花椒油、花椒粉、味精、鸡精、白糖、香油放入碗中拌匀,撒上熟芝麻即可。

红油耳丝

材料 猪耳朵1个(约500克),大葱25克,葱丝25克,姜片10克,葱段10克,精盐1小匙,料酒1大匙,酱油、白糖、米醋、辣椒油(红油)各1/2大匙,花椒粉、味精各少许。

制作步骤 ZHIZUO BUZHOU

1. 猪耳朵洗净,放入清水锅内,加入姜片、葱段和料酒烧沸,小火煮至熟嫩,捞出过凉,压平,斜刀片成薄片,再切成细丝,放在大碗里。

2. 将精盐、酱油、白糖、米醋、味精、辣椒油和花椒粉放入小碗里调匀成味汁。

3. 将调好的味汁放入盛有耳丝的碗内,再加上葱丝拌匀,装盘上桌即可。

剁椒肝片

材料 猪肝500克, 剁椒30克, 姜片、葱段各5克, 精盐、味精、胡椒粉各1/2小匙, 料酒2小匙, 香油1小匙, 鲜汤4小匙, 植物油2大匙。

制作步骤 ZHIZUO BUZHOU

1. 猪肝洗净, 切成柳叶片, 放入碗中, 加入精盐、姜片、葱段、料酒腌约10分钟, 放入沸水锅内汆至断生, 捞出, 晾凉, 放入盘中。

2. 锅中加油烧热, 放入剁椒, 用小火炒出香味, 加入鲜汤、精盐、胡椒粉、料酒、味精、香油炒匀成味汁, 出锅浇在肝片上即成。

夫妻肺片

材料 卤牛心、卤牛舌、卤牛肉、毛肚各100克，芹菜50克，净香菜、熟芝麻各10克，精盐、花椒粉各1小匙，味精、白糖各少许，辣椒油1大匙。

制作步骤 ZHIZUO BUZHOU

1. 将卤牛心、卤牛舌、卤牛肉均切成薄片；毛肚洗净，放入清水锅中煮熟，捞出沥水，切成大薄片。

2. 芹菜去根和叶，洗净，切成3厘米长的小段，放入沸水锅中焯烫一下，捞出过凉，沥干水分，放在盘内垫底。

3. 盆中放入卤牛心片、卤牛舌片、卤牛肉片、毛肚片，加入调料拌匀，码放在芹菜段上，撒上熟芝麻、净香菜即可。

蒜泥白肉

材料 猪腿肉1块(约750克),大蒜75克,葱段15克,姜块15克,精盐1小匙,酱油1大匙,味精少许,香油、辣椒油各1/2大匙。

制作步骤 ZHIZUO BUZHOU

1. 猪腿肉放在清水中刮洗干净,切成大块,放入沸水锅内焯烫出血水,捞出,用冷水洗净,过凉。

2. 锅置火上,放入清水、葱段、姜块和猪腿肉块,烧沸后用中火煮至肉块皮软且近断生。

3. 停火后把肉块在原汁内浸泡20分钟至熟香,捞出浸泡的肉块,擦干表面的水分。

4. 把猪肉块片成大薄片;零碎的肉片先放盘内垫底,整齐的肉片卷成小卷,放在上面。

5. 大蒜捣成蒜蓉,加上精盐、酱油、味精、香油和辣椒油拌匀成味汁,浇在肉片上即成。

翡翠拌腰花

材料

净猪腰花200克,熟冲菜粒100克,红辣椒粒15克,净香菜根10克,葱段、姜片、葱花各10克,精盐、味精、白糖、香油各1/2小匙,香醋2小匙,芥末膏、料酒各1小匙,美极鲜酱油、鲜鸡汤各2大匙。

制作步骤 ZHIZUO BUZHOU

1. 猪腰花洗涤整理干净,加入姜片、葱段、料酒腌20分钟,放入清水锅中焯水,捞出。

2. 将美极鲜酱油、鲜鸡汤、香菜根、精盐、味精、白糖放入碗中调成味汁

3. 熟冲菜粒加入精盐、香醋、芥末膏拌匀,放入猪腰花,淋入调好的味汁,装入盘中,再加入香油、红辣椒粒、葱花即可。

▶火鞭牛肉

材料

牛腱子肉1000克，精盐1大匙，花椒粉、五香粉各1小匙，白糖2小匙，香油适量。

🍲 **制作步骤** ZHIZUO BUZHOU

1. 将牛腱子肉去掉杂质，用清水洗净血污，擦净表面水分，片成大厚片。

2. 精盐入锅炒干，盛在碗里，加入花椒粉、五香粉、白糖和牛肉片拌匀，腌渍2小时，把牛肉挂于室外风干，装盘，放入烘炉内用木炭烘约1小时，取出。

3. 将牛肉片放入笼屉内蒸熟，取出牛肉片，表面刷上一层香油，晾凉后切成段，装盘上桌即成。

▶红油皮丝

材料

猪肉皮250克，葱丝30克，精盐、味精、酱油、白糖、花椒粉、香油各1/2小匙，辣椒油2大匙。

🍲 **制作步骤** ZHIZUO BUZHOU

1. 把猪肉皮的残毛刮净，放入沸水中煮约5分钟，捞起，再刮洗一次。

2. 锅中加水烧热，下入猪肉皮煮至软烂，捞出冲凉，用重物压至凉透，片成薄片，切成长丝。

3. 将肉皮丝、葱丝放入盆中，加入精盐、味精、酱油、白糖、花椒粉、辣椒油和香油拌匀即成。

45

红油鱼肚

材料 水发鱼肚200克,粉皮100克,葱段、姜块、胡椒粉、精盐、味精、酱油、辣椒油、料酒、植物油、鲜汤各适量。

🍲 **制作步骤** ZHIZUO BUZHOU

1. 将水发鱼肚洗净,切成大块;粉皮切成块,放入沸水锅中焯水,捞出、晾凉。

2. 锅中加入植物油烧热,下入姜块、葱段炝锅,加入鲜汤、料酒、鱼肚块、精盐、胡椒粉煮至入味,捞出鱼肚块,晾凉。

3. 把鱼肚块和粉皮块放入碗中,加入精盐、味精、酱油、辣椒油拌匀,装盘即可。

Part 1 美味爽口 小凉菜

▶茶熏八爪鱼

材料 八爪鱼600克，茶叶15克，花椒粉1/2小匙，白糖1大匙，料酒2大匙，老抽2小匙，生抽少许，卤水1000克。

制作步骤 *ZHIZUO BUZHOU*

1. 八爪鱼去掉内脏和杂质，用淡盐水浸泡并洗净，捞出，换清水漂洗干净，取出。

2. 锅中放入卤水、老抽、生抽烧煮至沸，放入八爪鱼，转小火卤煮15分钟至入味，捞出沥水。

3. 熏锅置火上，撒入白糖、茶叶拌匀，放入箅子，摆上八爪鱼，盖好熏锅盖。

4. 用小火烧至锅中冒烟并且熏3分钟，关火后等烟散尽，取出八爪鱼，装盘上桌即成。

姜汁海蜇卷

材料 水发海蜇皮200克，大头菜150克，姜汁100克，精盐3大匙，味精2大匙，白糖2小匙。

🍲 **制作步骤** ZHIZUO BUZHOU

1. 水发海蜇皮切成细丝，用淡盐水浸泡30分钟并洗净泥沙；大头菜取嫩叶，洗净，放入沸水锅中烫至软，捞出冲凉，沥去水分。

2. 用大头菜叶包上蜇皮丝并卷好，用棉绳捆牢，包成12个5厘米长、2厘米粗的菜卷。

3. 把姜汁、精盐、味精、白糖和菜卷放入容器中调匀，浸卤20分钟，装盘上桌即可。

麻汁海螺

材料 净海螺肉300克，黄瓜片50克，葱段、姜片各15克，精盐1/2小匙，陈醋、酱油各1小匙，香油2小匙，料酒、肉汤各4小匙，芝麻酱3大匙。

制作步骤 ZHIZUO BUZHOU

1. 海螺肉放入盆中，加入肉汤、料酒、姜片、葱段，上笼蒸1小时，取出晾凉，切成片。

2. 把芝麻酱放入小碗中，加入少许肉汤稀释，再加入精盐、酱油、味精、香油、陈醋调匀成麻酱味汁。

3. 将黄瓜片整齐地码放在盘内垫底，再放上海螺肉片，浇淋上麻酱味汁，即可上桌。

酥香鲫鱼

材料 活鲫鱼6条（约1500克），大葱段250克，姜片100克，料酒1瓶，糖色2大匙，老抽、味精、胡椒粉各少许，植物油适量。

制作步骤 *ZHIZUO BUZHOU*

1. 鲫鱼宰杀，洗涤整理干净，再放入热油锅中炸至酥脆，捞出沥油。

2. 锅留底油烧热，下入葱段、姜片炝锅，加入清水、老抽、味精、料酒、胡椒粉、糖色煮成酱汁。

3. 把酱汁出锅，去掉杂质，放入鲫鱼腌泡至入味，食用时取出，装盘上桌即可。

麻辣蜇皮

材料 水发海蜇皮300克，红干椒段10克，花椒15粒，姜末5克，葱花10克，蒜末少许，精盐1小匙，白糖1/2小匙，酱油、米醋各2小匙，味精少许，香油1大匙。

制作步骤 *ZHIZUO BUZHOU*

1. 水发海蜇皮洗净，切成丝，放入热水中稍烫一下，捞出挤去水分，装入盘中。

2. 净锅置旺火上，加入香油烧热，投入红干椒段、花椒炸香出味，下入姜末、蒜末、葱花略炒，出锅倒入调味碗内。

3. 再加入精盐、白糖、酱油、味精、米醋调匀成味汁，浇淋在盘中的海蜇丝上即成。

▶泡椒*鲜虾*

材料 鲜虾仁200克, 泡灯笼椒100克, 精盐、味精、香醋各1/2小匙, 白糖少许, 酱油、葱油各1小匙, 柱侯酱4小匙, 鱼露1/2大匙, 香油5小匙。

🍲 **制作步骤** *ZHIZUO BUZHOU*

1. 鲜虾仁去除沙线, 用清水洗净, 放入沸水锅中焯至断生, 捞出晾凉; 泡灯笼椒切成2厘米大小的菱形块。

2. 精盐、酱油、鱼露、柱侯酱放入大碗中调匀, 再加入味精、白糖、香醋、葱油、香油拌匀成味汁, 放入虾仁、泡灯笼椒块拌匀, 装盘即成。

▶陈醋蜇头

材料 水发海蜇头400克,黄瓜75克,蒜末10克,精盐、味精、白糖、葱油各少许,陈醋3大匙。

🥘 制作步骤 ZHIZUO BUZHOU

1. 将黄瓜洗净,削去外皮,切成菱形片,放入盘中垫底;水发海蜇头片成片,用清水中浸泡,捞出。

2. 净锅放入清水烧沸,关火,倒入海蜇片,快速焯烫一下,捞出,再放入冷水中过凉,沥净水分。

3. 将蜇头片放入碗中,加入陈醋、白糖、味精、精盐、葱油、蒜末调拌均匀,码放在黄瓜片上即可。

▶鲜卤海螺

材料 海螺1000克,胡萝卜片、青椒片、香菜段、芹菜段、干贝、干鱿鱼末各少许,葱段、姜片各10克,海味酱油、精盐、白醋、老抽、生抽、黄酒各适量。

🥘 制作步骤 ZHIZUO BUZHOU

1. 海螺洗净,加入精盐、白醋拌匀,稍腌;将葱段、姜片、青椒片、胡萝卜片、香菜段、芹菜段放入沸水锅内煮10分钟,出锅除杂质,留下卤汁。

2. 将卤汁放入干净容器内,加入海味酱油、老抽、生抽调匀成味汁,再加入海螺、干贝、干鱿鱼末、黄酒拌匀,移入冰箱中腌泡24小时即可。

超简单 川菜

Part 2 浓香可口热炒菜

▸榨菜炒肉

材料 涪陵榨菜150克,猪里脊肉125克,净冬笋25克,葱段15克,精盐1/2小匙,料酒、淀粉各1大匙,酱油、味精各少许,植物油2大匙。

🍚 制作步骤 ZHIZUO BUZHOU

1. 猪里脊肉切成6厘米长的粗丝,放在碗内,加上精盐、料酒和淀粉拌匀上浆。

2. 涪陵榨菜洗净,去掉外皮,切成长4厘米的细丝;净冬笋切成同样长短的丝。

3. 炒锅置旺火上烧热,加入植物油烧至六成热,加入猪肉丝炒至散并变色。

4. 放入榨菜丝和冬笋丝炒匀,加上酱油、味精调好口味,撒上葱段,出锅装盘即成。

▶风味茄夹

 茄子200克,牛肉100克,鸡蛋1个,姜汁、精盐、酱油、淀粉、水淀粉、辣椒酱、味精、鸡精、香油、植物油各适量。

🍲 制作步骤 ZHIZUO BUZHOU

1. 茄子去蒂,洗净,切成夹刀片;牛肉剁成末,加入鸡蛋、精盐、味精、鸡精、淀粉拌匀成馅料。

2. 将牛肉馅酿入茄夹中,再沾匀淀粉,放入烧至五成热的油锅中炸至熟,捞出沥油。

3. 锅内加入底油,放入辣椒酱、酱油、精盐、味精、鸡精及清水烧沸,加入茄夹,小火烧至入味,用水淀粉勾芡,淋入香油即可。

▶川辣土豆丝

材料 土豆400克, 红干椒15克, 葱丝15克, 精盐1小匙, 郫县豆瓣1大匙, 味精少许, 鲜汤、植物油各适量。

🍲 **制作步骤** *ZHIZUO BUZHOU*

1. 土豆洗净, 削去外皮, 切成长短一致的细丝, 放入清水中漂净, 烹制前捞出, 沥干水分; 红干椒去蒂、去籽, 洗净, 切成丝; 郫县豆瓣剁细。

2. 锅置火上, 加入植物油烧至六成热, 下入郫县豆瓣炒香至油呈红色, 下入辣椒丝、土豆丝炒散, 加入葱丝、精盐、味精, 烹入鲜汤炒匀, 出锅装盘即成。

▶回锅胡萝卜

材料 胡萝卜400克, 蒜苗25克, 精盐少许, 鲜汤100克, 豆豉、郫县豆瓣各1大匙, 植物油2大匙。

🍲 **制作步骤** *ZHIZUO BUZHOU*

1. 胡萝卜去根、去皮, 洗净, 切成块, 放入蒸锅内, 用旺火蒸熟, 取出; 郫县豆瓣剁细; 豆豉压成细蓉; 蒜苗去根, 洗净, 切成段。

2. 净锅置火上, 加入植物油烧至六成热, 加入豆瓣、豆豉炒至酥香, 倒入胡萝卜块炒匀, 加入鲜汤, 放入蒜苗段、精盐调匀, 出锅装盘即可。

家常豇豆

材料 长豇豆250克,猪五花肉150克,红干椒5个,大葱10克,姜片5克,精盐少许,料酒、酱油、白糖各2小匙,味精、香油、植物油各适量。

制作步骤 ZHIZUO BUZHOU

1. 把长豇豆去掉两端,用清水浸泡并洗净,捞出沥水,切成小段;红干椒去蒂和籽,切成小段。

2. 猪五花肉剔净筋膜,剁成黄豆大小的粒,再稍微剁几刀成肉末;大葱、姜片分别切成碎末。

3. 净锅置火上烧热,放入植物油烧至六成热,加入豇豆段,小火煸炒几分钟,出锅。

4. 锅复置火上,下入猪肉末煸炒至水分尽,加入红干椒和葱姜末炒拌均匀。

5. 加入料酒、酱油、白糖和味精调味,最后放入炒好的豇豆段翻炒几下,淋上香油,出锅装盘即成。

▸豆芽炒榨菜

材料　黄豆芽300克，榨菜100克，葱末、姜末各10克，精盐、白糖、味精各1小匙，酱油、料酒各1大匙，香油少许，水淀粉2小匙，清汤3大匙，植物油2大匙。

🍲 制作步骤 *ZHIZUO BUZHOU*

1. 将黄豆芽择洗干净；榨菜洗净，切成小丁，用温水浸泡20分钟，捞出，沥净水分。

2. 锅置火上，加入植物油烧热，下入葱末、姜末和黄豆芽煸炒至软，烹入料酒调匀。

3. 加入榨菜丁稍炒，放入酱油、白糖、味精、清汤翻炒至熟嫩，用水淀粉勾芡，淋入香油，出锅装盘即可。

▸干煸冬笋

材料　冬笋400克，猪五花肉75克，四川芽菜25克，红干椒15克，精盐1小匙，醪糟汁2小匙，酱油1大匙，味精1/2小匙，香油少许，植物油适量。

🍲 **制作步骤** *ZHIZUO BUZHOU*

1. 将冬笋去根，剥去外壳，用清水洗净，切成小条，放入沸水锅内焯烫一下，捞出沥水。

2. 猪五花肉去掉筋膜，切成小粒；四川芽菜洗净，攥干，剁成碎粒；红干椒泡软，去蒂，切成小段。

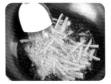

3. 净锅置火上，加入植物油烧至六成热，下入冬笋条炸至呈浅黄色，捞出。

4. 锅内滗去余油，放入猪肉粒炒散至酥香，下入芽菜碎粒炒出香味，加入辣椒段炒出香辣味。

5. 放入冬笋条炒匀，加入精盐、醪糟汁、酱油、味精调匀，待煸炒至表面起皱，淋上香油，出锅即可。

草菇鸡心

材料

鲜草菇250克,鸡心200克,青椒块、红椒块各25克,葱花、姜末各10克,精盐、料酒、蚝油、白糖、胡椒粉、水淀粉、植物油各适量。

🍲 **制作步骤** ZHIZUO BUZHOU

1. 鲜草菇去蒂,洗净,用加有少许精盐的沸水略焯,捞出过凉;鸡心洗净,剞上花刀,加入料酒拌匀,放入沸水锅中焯烫,捞出。

2. 锅中加入植物油烧热,下入葱花、姜末炒香,再放入鸡心、青椒、红椒、草菇略炒,然后加入调料调味,用水淀粉勾芡,出锅即可。

蒜薹炒腊肉

材料 蒜薹250克，腊肉150克，红椒段25克，精盐1小匙，料酒1大匙，植物油2大匙，辣椒油2小匙。

制作步骤 ZHIZUO BUZHOU

1. 蒜薹去根，洗净，切成4厘米长的小段，放入沸水锅内，加入少许精盐焯烫至熟，捞出沥水。

2. 腊肉洗净污物，放入清水锅内，小火煮约10分钟，捞出腊肉，晾凉，切成大片。

3. 锅加油烧热，放入腊肉片炒香，加入料酒、精盐，放入蒜薹段和红椒段略炒，淋上辣椒油即成。

白汁芦笋

材料 芦笋400克，熟火腿25克，料酒1大匙，精盐、胡椒粉、味精、水淀粉、香油、奶汤各少许。

制作步骤 ZHIZUO BUZHOU

1. 芦笋去掉老根，刮去老皮，修切整齐，用清水漂洗干净，捞出；熟火腿切成细丝。

2. 净锅置火上，放入清水、少许精盐烧煮至沸，下入芦笋焯烫一下，捞出、沥水。

3. 锅中加入奶汤烧沸，加入精盐、料酒、胡椒粉和味精调味，下入芦笋烧至入味，放入熟火腿丝，用水淀粉勾芡，淋上香油，出锅即成。

干煸四季豆

材料 四季豆300克，猪肥瘦肉50克，四川芽菜25克，红干椒10克，精盐、酱油、料酒、味精、香油、熟猪油各适量。

制作步骤 ZHIZUO BUZHOU

1. 四季豆撕去豆筋，择成长6厘米的小段，用清水洗净；四川芽菜用清水浸泡并洗净，捞出，挤净水分，切成细末；猪肥瘦肉去筋膜，剁成碎粒；红干椒去蒂、去籽，切成小段。

2. 净锅置火上，加入熟猪油烧至六成热，下入四季豆炸至皱皮，捞出沥油；滗去锅内余油，放入猪肉粒和红干椒段炒至酥香，再加入四季豆段煸炒片刻。

3. 加入精盐、酱油炒匀，再下入芽菜末，旺火翻炒至酥香，加入料酒、味精炒匀，淋入香油，出锅装盘即成。

鱼香茄花

材料

茄子400克, 海米15克, 香葱花少许, 姜末5克, 蒜片10克, 郫县豆瓣1大匙, 精盐少许, 番茄酱、酱油、米醋、白糖各1/2大匙, 清汤、水淀粉、花椒油、植物油各适量。

制作步骤 *ZHIZUO BUZHOU*

1. 茄子洗净, 去皮, 切成小块, 表面剞上浅十字花刀, 放入烧热的油锅内炸至色泽浅黄并变软, 取出沥油。

2. 锅中留底油烧热, 放入郫县豆瓣、姜末和蒜片煸炒出香味, 加入海米、番茄酱、酱油、精盐、米醋、白糖和清汤烧沸。

3. 倒入炸好的茄块, 转小火烧至汁浓入味, 用水淀粉勾芡, 淋入花椒油, 撒上香葱花, 出锅装盘即可。

火爆乳鸽

材料 净乳鸽3只，蒜苗25克，红干椒10克，花椒5粒，精盐、味精、淀粉、酱油、料酒各少许，辣椒油、豆瓣酱、植物油各适量。

制作步骤 *ZHIZUO BUZHOU*

1. 蒜苗、红干椒分别切成段；净乳鸽剁去鸽爪，去掉杂质，洗净，剁成大小均匀的块。

2. 把乳鸽块放入碗内，加入精盐、酱油、料酒拌匀，腌渍15分钟，再加入淀粉拌匀，放入烧热的油锅内炸至熟脆，捞出沥油。

3. 净锅复置火上，加入辣椒油烧热，下入红干椒段和花椒炒出香味。

4. 放入乳鸽块翻炒均匀，加入精盐、酱油、料酒、豆瓣酱和味精炒匀，撒上蒜苗段，快速翻炒均匀，出锅装盘即成。

‣双冬辣鸡球

材料 鸡腿1只，冬菇块、冬笋块各50克，葱花、姜末、蒜片、红干椒、精盐、味精、酱油、水淀粉、鸡汤、植物油各适量。

🍲 **制作步骤** *ZHIZUO BUZHOU*

1. 鸡腿切成块，加入精盐、水淀粉拌匀，腌渍入味，再放入热油锅中冲炸一下，捞出沥油；然后放入冬菇、冬笋略炸，捞出沥净。

2. 锅中加入鸡汤烧沸，放入鸡肉块、双冬、精盐、味精、酱油，用旺火烧至收汁，捞出。

3. 锅中加油烧热，放入红干椒、葱花、姜末、蒜片、鸡肉块、双冬炒匀，出锅装盘即可。

鱼香豆腐

材料 豆腐500克, 姜末、蒜末、葱段各10克, 郫县豆瓣、淀粉各1大匙, 鲜汤、精盐、酱油、白糖、味精、米醋、水淀粉、植物油各适量。

制作步骤 ZHIZUO BUZHOU

1. 豆腐切成大一字条, 放入沸水锅内略焯, 捞出, 滚上一层淀粉, 放入油锅内炸至金黄, 捞出装盘。

2. 锅中留底油烧热, 放入剁细的豆瓣煸炒至酥香, 再加入姜末、蒜末和葱段炒出香味。

3. 加入鲜汤、精盐、酱油、白糖、味精、米醋烧沸, 用水淀粉勾芡, 淋在豆腐条上即成。

爆炒鸭心

材料 鸭心片400克, 水发玉兰片、水发木耳朵各30克, 泡红辣椒10克, 青椒片5克, 葱段、姜片、蒜片各5克, 酱油、胡椒粉、料酒、精盐各1/2小匙, 水淀粉、肉汤各5小匙, 熟猪油50克。

制作步骤 ZHIZUO BUZHOU

1. 将鸭心片装入小碗中, 加入精盐、料酒及少许水淀粉搅拌均匀。

2. 锅中加入熟猪油烧热, 先下入鸭心片炒散, 再加入姜片、葱段、蒜片、水发木耳、泡红辣椒、玉兰片和青椒片略炒。

3. 然后加入酱油、胡椒粉、肉汤翻炒均匀, 用水淀粉勾芡, 出锅装盘即可。

▶太白鸭子

材料 鸭子1只, 枸杞子15克, 葱段、姜片各25克, 三七5克, 料酒200克, 精盐2小匙, 胡椒粉少许, 鲜汤适量。

🍲 制作步骤 *ZHIZUO BUZHOU*

1. 将鸭子去掉内脏和杂质, 放入沸水锅内汆烫一下, 取出, 用清水洗去血污, 沥净水分, 斩去鸭掌。

2. 把鸭子放在容器内, 用精盐、料酒、胡椒粉将鸭身内外抹匀。

3. 再加上葱段、姜片、料酒、鲜汤、枸杞子、三七, 用皮纸封严容器口。

4. 把容器放入蒸锅内, 用旺火沸水蒸约3小时至鸭子熟烂, 取出容器, 揭去皮纸, 拣去葱段、姜片。

5. 取出蒸好的鸭子, 放在大盘内, 再淋上少许蒸鸭子的汤汁, 上桌即可。

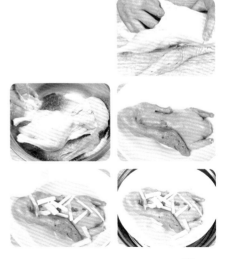

▶麻辣土豆鸡

材料　净仔鸡1/2只(约500克),净土豆块200克,红辣椒段25克,蒜片、花椒粒各15克,精盐、香油、鸡精、水淀粉各1小匙,酱油2大匙,白糖、蚝油各1大匙,植物油适量。

🍲 **制作步骤** ZHIZUO BUZHOU

1. 仔鸡洗净,剁成大块,加入精盐、白糖、鸡精拌匀,腌渍15分钟;把鸡块、土豆块分别放入热油锅内炸至金黄色,捞出沥油。

2. 锅中留底油烧至七成热,先下入蒜片、花椒粒略炒,再加入红辣椒段炒出香辣味。

3. 然后放入鸡块、土豆炒匀,加入酱油、蚝油和少许清水煮沸,以中小火炖煮5分钟,用水淀粉勾芡,淋上香油,出锅装盘即可。

▶魔芋烧鸭

材料
净鸭1只（约1000克），雪魔芋400克，蒜苗粒、红尖椒段各25克，姜末、蒜末各10克，花椒5克，精盐1小匙，豆瓣2大匙，鲜汤、酱油、料酒、植物油各适量，味精、水淀粉各少许。

🍲 **制作步骤** ZHIZUO BUZHOU

1. 净鸭收拾干净，洗去血污，擦净水分，剁成大块，加入少许精盐、酱油、料酒拌匀，放入油锅内炸上颜色，捞出。

2. 将雪魔芋切成长条，放入沸水锅内焯烫两次，去尽涩味，捞出，泡入清水中。

3. 锅中加入植物油烧热，加入豆瓣、花椒炒出香辣味，倒入鲜汤烧沸，下入鸭块、姜末、蒜末、精盐、料酒和酱油，小火烧煮至熟。

4. 加入魔芋条继续烧10分钟，加入味精，用水淀粉勾芡，撒上蒜苗粒、红尖椒段即成。

葱香豆豉鸡

![材料] 鸡胸肉300克，香葱50克，姜末、蒜瓣各10克，豆豉15克，精盐、酱油、鸡精、香油各1小匙，白糖、淀粉各少许，料酒、水淀粉各2大匙，植物油适量。

🍳 制作步骤 ZHIZUO BUZHOU

1. 鸡胸肉去掉筋膜，洗净，沥净水分，切成2厘米大小的块，放在大碗内，加入少许精盐、淀粉拌匀，腌渍10分钟。

2. 将豆豉剁碎；香葱去根，洗净，切成小段；蒜瓣去皮，洗净，剁成末。

3. 净锅置火上，加入植物油烧至五成热，下入鸡肉块滑散，捞出沥油。

4. 锅中留底油烧热，下入姜末、蒜末、豆豉炒香，再放入鸡肉略炒，加入精盐、酱油、料酒、白糖、鸡精炒匀，用水淀粉勾芡，淋入香油，撒上香葱花即成。

▶青椒炒蛋

材料　鸡蛋4个,青椒150克,精盐、味精、白糖各少许,鸡精、料酒各1/2小匙,胡椒粉少许,植物油3大匙。

🍲 **制作步骤** ZHIZUO BUZHOU

1. 将鸡蛋磕入碗内,加入精盐、料酒、胡椒粉、鸡精、味精、白糖搅匀成鸡蛋液。

2. 青椒去蒂、去籽,洗净,切成小条,放入热油锅中滑至断生,捞出沥油。

3. 锅内留底油烧热,下入搅匀的鸡蛋液炒散至熟,再放入青椒条炒匀,出锅装盘即成。

▶石宝蒸豆腐

材料　豆腐400克,豌豆100克,米粉适量,葱末、姜末、花椒、辣椒、鸡汤、精盐、红糖、植物油各适量。

🍲 **制作步骤** ZHIZUO BUZHOU

1. 把豆腐片去硬皮,切成长方块,放入烧热的油锅内炸成金黄色,捞出沥油。

2. 豆腐块放入热锅中,加入葱末、姜末、花椒、辣椒、鸡汤、精盐和红糖烧沸,转小火烧至收汁。

3. 捞出装盘,放入米粉拌匀,再以煮熟的豌豆垫底,装入蒸碗内,入锅蒸熟,取出,翻扣入盘即成。

▸粉蒸鸡块

材料 净仔鸡1只,炒糯米100克,葱花、姜片、豆瓣酱、花椒粉、酱油、白糖、味精、香油、辣椒油各适量。

🍲 **制作步骤** ZHIZUO BUZHOU

1. 净仔鸡去掉杂质,洗净血污,剁成小块,放入沸水锅内焯烫一下,捞出、沥干。

2. 把鸡块加上豆瓣酱、姜片、花椒粉、酱油、白糖、味精、香油和炒糯米调拌均匀。

3. 将鸡块放入蒸锅内,用旺火蒸约1.5小时,取出,撒上葱花,淋入烧热的辣椒油,即可上桌。

▶农家 煎泡蛋

材料

鸡蛋4个, 大葱10克, 精盐、胡椒粉各1小匙, 味精1/2小匙, 植物油2大匙, 清汤适量。

🍲 **制作步骤** ZHIZUO BUZHOU

1. 大葱去根和老叶, 洗净, 切成细丝; 鸡蛋磕入大碗中, 加入少许精盐, 用筷子搅打均匀成鸡蛋液。

2. 炒锅置火上, 加入植物油烧热, 倒入鸡蛋液煎至定型并起泡, 再添入清汤烧沸。

3. 然后加入精盐、味精、胡椒粉煮至入味, 起锅盛入大碗内, 撒上葱丝, 上桌即成。

▶盐煎肉

材料 郫县豆瓣1大匙，精盐少许，白糖1小匙，豆豉、酱油各1/2大匙，熟猪油2大匙，猪腿肉1块（约350克），青蒜苗50克。

🍲 制作步骤 *ZHIZUO BUZHOU*

1. 将肥瘦相连的猪腿肉去掉肉皮，剔净筋膜，切成长5厘米、宽2.5厘米的大薄片。

2. 郫县豆瓣剁成碎粒；青蒜苗去根，洗净，切成马耳朵形的小段。

3. 锅中加入熟猪油烧至七成热，加入切好的猪肉片煸炒至变色，加入精盐，再反复翻炒至肉片吐油，放入郫县豆瓣和豆豉炒至上颜色。

4. 放入酱油和白糖炒拌均匀，最后加入青蒜苗段，颠锅翻炒至断生并且入味，离火出锅，装盘上桌即可。

▸川香猪肝

材料 猪肝300克,洋葱50克,蒜末15克,精盐1/2小匙,料酒1大匙,水淀粉2小匙,辣椒酱、辣椒油各1小匙,植物油2大匙。

🍲 制作步骤 ZHIZUO BUZHOU

1. 猪肝切成片,放入碗中,加入精盐、料酒拌匀,腌渍入味;洋葱去皮、洗净,切成丝。

2. 锅置火上,加入植物油烧热,下入洋葱丝、蒜末炒出香味,放入猪肝片炒至变色,然后加入辣椒油、辣椒酱翻炒均匀,用水淀粉勾芡,出锅装盘即可。

▶香辣牛肉

材料 牛里脊肉1块, 红干椒、花椒、姜末、蒜末各5克, 葱花15克, 肉汤250克, 精盐、郫县豆瓣、酱油、水淀粉、植物油各适量。

🍲 制作步骤 ZHIZUO BUZHOU

1. 牛里脊肉切成大片, 放在碗里, 加上少许精盐、酱油和水淀粉拌匀上浆。

2. 锅中加油烧热, 放入郫县豆瓣、姜末、蒜末、肉汤烧煮出味, 加上精盐和酱油炒匀, 放入牛肉炒熟。

3. 加上剁碎的红干椒、花椒调匀, 出锅装盘, 撒上葱花, 上桌即成。

▶连山回锅肉

材料 带皮五花猪肉500克, 锅盔100克, 青、红辣椒块各25克, 蒜苗段15克, 郫县豆瓣1大匙, 酱油、白糖各2小匙, 植物油各适量。

🍲 制作步骤 ZHIZUO BUZHOU

1. 带皮五花猪肉洗净, 放入清水锅内煮到七成熟, 捞出晾凉, 切成大薄片; 把锅盔切成小块, 放入烧至六成热的油锅内炸至酥脆, 捞出沥油。

2. 锅留底油烧热, 加入猪肉片煸炒至吐油, 放入豆瓣、酱油、白糖、青椒块、红椒块、蒜苗段炒匀, 加入锅盔块翻炒一下, 出锅装盘即成。

▶*火爆*肚头

材料 猪肚头250克,青椒、红尖椒各25克,泡红辣椒15克,葱姜末、蒜蓉各5克,精盐
1小匙,清汤2大匙,味精、胡椒粉、水淀粉、花椒油各适量,植物油3大匙。

🍲 制作步骤 *ZHIZUO BUZHOU*

1. 猪肚头洗净,在肚尖内侧剞上十字花刀,切成方
块,放入沸水锅内稍烫片刻,捞出。

2. 青椒、红椒去蒂,洗净,切成小块;泡红辣椒去
蒂和籽,切成小段;精盐、清汤、味精、胡椒粉和
水淀粉放在小碗里调匀成芡汁。

3. 净锅置火上烧热,加入植物油烧至八成热,放
入泡辣椒段、葱姜末、蒜蓉炝锅。

4. 下入青椒块、红椒块煸炒片刻,倒入焯烫好的猪
肚头,烹入兑好的芡汁,迅速翻炒均匀,淋上花
椒油,出锅装盘即可。

▸陈皮牛肉

材料 牛肉400克,陈皮15克,姜末10克,精盐1小匙,料酒、酱油各2大匙,淀粉1/2大匙,白糖、植物油各适量。

🍲 **制作步骤** ZHIZUO BUZHOU

1. 牛肉切成大片,加入少许酱油、料酒和淀粉拌匀,放入油锅中炸至上色,捞出沥油。

2. 将陈皮用温水浸泡至软,捞出攥干水分,切成细丝(泡陈皮的汤水留用),放入热锅内稍炒,再加入姜末和牛肉片炒匀。

3. 然后加入料酒、酱油、白糖、精盐和泡陈皮的汤水烧沸,转用小火烧至汤汁收干,出锅装盘即可。

鱼香肉丝

材料 猪腿肉250克，净冬笋50克，水发木耳40克，姜粒5克，葱花、蒜粒各10克，精盐1小匙，泡红辣椒、水淀粉各1大匙，白糖、米醋、酱油、肉汤、植物油各适量。

🍲 制作步骤 ZHIZUO BUZHOU

1. 猪腿肉切成长粗丝，加上少许精盐和水淀粉拌匀；净冬笋、水发木耳分别洗净，均切成细丝；泡红辣椒剁成蓉。

2. 另取一小碗，放上精盐、白糖、米醋、酱油、肉汤和水淀粉调匀成芡汁。

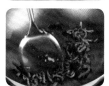

3. 锅置火上烧热，放入植物油烧热，放入肉丝炒散至变色，加入泡红辣椒、姜粒和蒜粒炒香上色，再加入冬笋丝、木耳丝炒匀。

4. 撒上葱花，烹入兑好的芡汁颠翻几下至收汁，出锅装盘，上桌即成。

豆豉蒸排骨

材料

猪排骨段500克，小油菜30克，葱花10克，豆豉1大匙，精盐、蚝油、料酒各1小匙，植物油2大匙。

制作步骤 *ZHIZUO BUZHOU*

1. 猪排骨段洗净，放入小盆中，加入蚝油、精盐、料酒拌匀，腌渍5分钟，再加入剁碎的豆豉调匀，腌渍15分钟。

2. 油菜择洗干净，放入沸水中焯烫一下，捞出沥干，摆入盘中垫底。

3. 将腌好的排骨段放入蒸锅中，用旺火蒸约25分钟至熟香，取出摆在小油菜上，撒上葱花，再淋上烧热的植物油即可。

麻辣羊肉丁

材料 羊腿肉350克, 冬笋丁50克, 鸡蛋1个, 姜末、葱花各5克, 辣椒粉、精盐各1小匙, 酱油、料酒、味精、水淀粉、鲜汤、花椒粉、花椒水、淀粉、植物油各适量。

🍲 **制作步骤** ZHIZUO BUZHOU

1. 羊腿肉切成小丁, 加上少许精盐、料酒、酱油、花椒水拌匀, 再加上鸡蛋和淀粉上浆。

2. 锅中加油烧热, 下入羊肉丁滑散, 再倒入冬笋丁滑至熟, 再下入姜末、葱花、辣椒粉略炒。

3. 然后烹入由精盐、酱油、味精、水淀粉、鲜汤兑成的芡汁炒匀, 出锅装盘, 撒上花椒粉即成。

红烧帽结子

材料 猪小肠500克, 葱段、姜片、精盐、酱油、料酒、胡椒粉、冰糖、味精、鲜汤、植物油各适量。

🍲 **制作步骤** ZHIZUO BUZHOU

1. 猪小肠去掉内侧白色油脂, 洗涤整理干净, 放入清水锅中焯烫一下, 捞出切段。

2. 锅中加油烧热, 下入冰糖炒至溶化呈红色, 放入猪肠煸炒至上色, 倒入鲜汤烧沸。

3. 加上葱段、姜片、精盐、酱油、料酒和胡椒粉调匀, 改用小火烧熟, 加入味精, 出锅装盘即成。

▶锅巴肉片

 材料

猪肉片250克，锅巴100克，蘑菇片15克，青椒块、红椒块各10克，葱、姜、蒜各5克，精盐、味精、鸡精各1/2小匙，水淀粉2小匙，植物油、清汤各适量。

🍲 **制作步骤** *ZHIZUO BUZHOU*

1. 把锅巴放入油锅中炸脆，捞出，放入盘内；猪肉片放入油锅内滑散，盛出、沥油。

2. 锅内留底油烧热，下入葱、姜、蒜爆香，再下入猪肉片、蘑菇片和青椒、红椒块炒匀。

3. 加入清汤、精盐、味精、鸡精烧沸，用水淀粉勾芡，出锅淋在炸好的锅巴上即可。

▸锅煎虾饼

材料

虾仁粒250克, 猪肥膘蓉、荸荠末各50克, 鸡蛋清1个, 葱末10克, 精盐、米醋各1小匙, 味精少许, 料酒1大匙, 淀粉5小匙, 熟猪油适量。

🍳 **制作步骤** ZHIZUO BUZHOU

1. 虾仁、肥膘蓉、荸荠末放入盆中, 加入鸡蛋清、味精、葱末、精盐、料酒和淀粉搅匀。

2. 锅中加入少许熟猪油烧热, 将虾肉蓉挤成丸子, 放入锅中压成小圆饼后略煎。

3. 把虾蓉翻面, 淋入少许熟猪油, 继续煎至内外熟透, 烹入料酒、米醋炒匀, 出锅装盘, 上桌即成。

▶香煎大虾

材料 大虾300克,菠菜100克,葱白段、姜片各少许,精盐1/2小匙,味精、胡椒粉各1小匙,料酒2小匙,植物油适量。

🍲 制作步骤 *ZHIZUO BUZHOU*

1. 菠菜取嫩叶,洗净,切成细丝,放入烧至九成热的油锅内炸酥,捞出沥油,放在盘内。

2. 大虾去除沙线,洗净,用洁布揾干表面水分,加入精盐、料酒、味精、胡椒粉调拌均匀,腌渍10分钟。

3. 锅置火上,加入植物油烧热,先下入葱白段、姜片煸炒出香味,捞出不用。

4. 再放入大虾煎约3分钟,然后翻面煎约2分钟至色泽金红,捞出沥油,码放在炸好的菠菜丝上即成。

▶干烧鲫鱼

 材料 净鲫鱼3条，猪肥瘦肉75克，芽菜25克，葱末、姜末、泡红辣椒各10克，精盐、酱油、料酒、肉汤、料酒、植物油、香油各适量。

🍲 制作步骤 ZHIZUO BUZHOU

1. 在净鲫鱼表面斜剞上一字斜刀，用精盐和料酒抹匀，放入烧热的油锅内炸至金黄色，捞出沥油。

2. 猪肥瘦肉洗净，剁成黄豆大小的粒；泡红辣椒切成小段；芽菜洗净，切成小粒。

3. 锅置火上，加入植物油烧热，放入猪肉粒炒至酥，加上芽菜、姜末、泡红辣椒和精盐煸炒一下，加入鲫鱼、料酒、肉汤、酱油烧沸。

4. 改用小火烧至鲫鱼熟并入味，转用旺火收浓汤汁，淋上香油，撒上葱末，出锅即成。

▶大蒜烧龙虾

材料 小龙虾500克，大蒜75克，青蒜苗段少许，姜片、葱段各少许，精盐、味精、胡椒粉、清汤、香油、植物油各适量。

🌀 制作步骤 ZHIZUO BUZHOU

1. 小龙虾洗涤整理干净，放入热油锅中略炸，捞出；大蒜去皮，洗净，用热油炸至上色，捞出。

2. 净锅置火上，放入少许植物油烧热，下入姜片、葱段炒香，再放入小龙虾略炒一下。

3. 加入蒜瓣、清汤烧15分钟，调入精盐、味精、胡椒粉，淋入香油，撒上蒜苗段即成。

▶鱼香扇贝

材料 扇贝1000克，鸡蛋1个，泡辣椒、姜末、蒜末、精盐、酱油、白糖、米醋、味精、清汤、淀粉、植物油各适量。

🌀 制作步骤 ZHIZUO BUZHOU

1. 扇贝取净扇贝肉，洗净，加入料酒、精盐、鸡蛋和淀粉拌匀上浆，扇贝壳洗净，码放在盘中。

2. 锅中加油烧热，逐个下入贝肉炸至金黄色，捞出，放在扇贝壳内。

3. 锅留底油烧热，下入泡辣椒、姜末、蒜末，加入酱油、白糖、米醋、味精、清汤烧沸，淋在扇贝上即成。

五柳鱼

材料 净鲤鱼1条，熟鸡肉丝、火腿丝、莴笋丝、冬菇丝、嫩姜片丝、泡红辣椒丝各少许，姜片15克，葱段20克，精盐2小匙，料酒2大匙，红酱油1大匙，植物油750克（约耗100克），肉汤250克，胡椒粉、味精各1/2小匙，水淀粉、熟鸡油各适量。

制作步骤 ZHIZUO BUZHOU

1. 在净鲤鱼表面剞上花纹，涂抹上少许精盐、姜片、葱段和料酒拌匀，腌10分钟，放入烧至五成热的油锅内炸呈浅黄色，沥油。

2. 原锅留底油烧热，放入姜丝、泡辣椒丝、鸡肉丝、火腿丝、莴笋丝和冬菇丝稍炒。

3. 放入肉汤、少许料酒、精盐、红酱油烧煮至沸，加入炸好的鲤鱼，改用中小火烧至鱼熟嫩入味，捞出鲤鱼，码放在盘内。

4. 锅内再加入胡椒粉和味精推匀，用水淀粉勾芡，淋上熟鸡油，出锅浇在鲤鱼上即成。

▶玻璃鱿鱼

材料 鱿鱼干150克，菠菜100克，精盐1小匙，清汤150克，胡椒粉、味
精各1/2小匙。

🍲 **制作步骤** ZHIZUO BUZHOU

1. 用温水把鱿鱼干洗净，放在容器内，加上适量的温水浸泡1小时，捞
出，去掉头须，片成薄片，放入碗内，再用温水淘洗干净。

2. 菠菜去根和老叶，取嫩菠菜心，用清水洗净，放入沸水锅中，加入少
许精盐焯烫至熟，捞出，码放在盘内。

3. 锅置火上，放入清汤、鱿鱼片、胡椒粉、精盐、味精烧入味，出锅放在
菠菜上即成。

草菇烧螺肉

材料 鲜海螺肉250克,青菜心50克,水发香菇25克,蒜片、葱段各10克,精盐1小匙,酱油1/2大匙,米醋2大匙,清汤、料酒、白糖、水淀粉各适量,熟鸡油少许,植物油500克(约耗40克)。

制作步骤 *ZHIZUO BUZHOU*

1. 鲜海螺肉加上少许精盐和米醋洗净,剞上十字花刀,切成小块,加上水淀粉调匀。

2. 净锅置火上,加入植物油烧至八成热,将海螺肉放入油锅中冲炸一下,倒入漏勺内,沥干油分。

3. 锅中留底油烧热,放入葱段、蒜片炸出香味,加入清汤、白糖、酱油、精盐和料酒烧沸。

4. 加入香菇、海螺肉和青菜心,转小火烧入味,用水淀粉勾芡,淋上熟鸡油,出锅即成。

▶豆瓣鳜鱼

材料

净鳜鱼1条(约650克),葱花、姜末各10克,精盐、味精各1/2小匙,酱油、白醋、水淀粉各1大匙,白糖1小匙,料酒、豆瓣酱、肉汤、植物油各适量。

🍲 **制作步骤** ZHIZUO BUZHOU

1. 净鳜鱼表面剞上花刀,加入料酒、精盐略腌,放入油锅中冲炸一下,捞出沥油。

2. 锅留底油烧热,下入豆瓣酱、姜末炒呈红色,再放入鳜鱼、料酒、生抽、肉汤煮沸。

3. 加入白糖、白醋、精盐和味精,转小火烧至入味,用水淀粉勾芡,撒入葱花即成。

▶蓝花泡椒贝

材料 鲜贝肉400克, 西蓝花块150克, 红椒条50克, 西芹段25克, 鸡蛋清少许, 姜末、精盐、白糖、味精、料酒、水淀粉、高汤、淀粉、植物油各适量。

🍲 制作步骤 *ZHIZUO BUZHOU*

1. 将西蓝花块、西芹段、鲜贝肉分别焯烫一下, 捞出、沥净; 鲜贝加入精盐、鸡蛋清、淀粉上浆, 放入油锅内滑至熟, 捞出沥油。

2. 锅中加油烧热, 爆香姜末, 放入料酒、鲜贝、红椒、西蓝花、西芹、胡椒粉、味精、白糖、精盐、高汤炒匀, 用水淀粉勾芡, 出锅装盘即可。

▶豉椒爆鳝段

材料 鳝鱼300克, 青椒块、红椒块各50克, 姜末、蒜片各10克, 精盐、味精各1/2小匙, 豆豉1大匙, 料酒、植物油各适量。

🍲 制作步骤 *ZHIZUO BUZHOU*

1. 鳝鱼宰杀, 洗涤整理干净, 剁成小段, 加上少许精盐、料酒拌匀, 入锅焯水, 捞出沥干。

2. 锅中加油烧热, 下入姜末、蒜片、豆豉炒香, 再放入鳝鱼段, 烹入料酒, 用小火炒熟。

3. 然后加入青椒块、红椒块炒匀, 加入精盐、味精调味, 装盘上桌即成。

香辣虾爬子

 材料 活虾爬子500克, 红干椒段15克, 葱、姜末各少许, 鸡精、酱油、豆瓣酱、料酒、白糖、五香粉、辣椒油、植物油各适量。

🍲 **制作步骤** ZHIZUO BUZHOU

1. 把活虾爬子放入淡盐水中静养, 使其吐净腹中污物, 换清水刷洗干净, 去除须、足。

2. 净锅置火上, 加入植物油烧热, 下入虾爬子略炒, 再加入料酒翻炒均匀至变色。

3. 放入葱、姜末继续翻炒, 加入红干椒段、酱油、豆瓣酱、五香粉、辣椒油、白糖、鸡精炒至入味, 出锅装盘即可。

▶宫保鱿鱼卷

材料

净水发鱿鱼400克，红干椒段20克，蒜末、花椒粒各5克，精盐、白糖、鸡精、香油各1/2小匙，米醋、酱油、料酒、水淀粉各1大匙，植物油2大匙。

🍲 **制作步骤** *ZHIZUO BUZHOU*

1. 净水发鱿鱼剞上交叉花刀，切成菱形块，然后放入热油锅中炸至卷起，捞出沥油。

2. 原锅留底油烧热，先下入红干椒段炸出香辣味，再放入蒜末、花椒粒炒香。

3. 然后加入精盐、白糖、鸡精、米醋、酱油、料酒、香油调匀，用水淀粉勾芡，放入鱿鱼卷迅速翻炒均匀，出锅装盘即可。

93

▶干煸鱿鱼丝

材料 鱿鱼干150克,芹菜100克,红干椒15克,姜丝5克,料酒1大匙,精盐1小匙,酱油2小匙,味精少许,辣椒油适量,植物油2大匙。

🍲制作步骤 ZHIZUO BUZHOU

1. 选用大张、体薄的鱿鱼干,去掉鱿鱼头尾,横切成细丝;把鱿鱼干丝放入温水中浸泡并洗净(不宜久泡),捞出,挤去水分。

2. 将芹菜去掉根和菜叶,洗净,切成丝;红干椒洗净,去蒂。

3. 炒锅加入植物油烧热,倒入鱿鱼干丝和姜丝煸炒片刻,烹入料酒翻炒均匀,加入红干椒丝煸炒出香辣味,烹入料酒,加入芹菜丝炒至熟。

4. 放入精盐和酱油炒出香味,加入味精,淋上辣椒油,出锅装盘即成。

▶辣炒海丁

 海丁400克,洋葱50克,青红尖椒各25克,精盐1小匙,豆瓣酱、料酒各1大匙,红酱油、胡椒粉、水淀粉、植物油、香油各适量。

🍲 **制作步骤** *ZHIZUO BUZHOU*

1. 把海丁刷洗干净,放在容器内,加上少许精盐和料酒调匀,腌泡20分钟,捞出海丁,放入沸水锅内焯烫一下,取出,再放入冷水中过凉,沥净水分。

2. 洋葱剥去外皮,洗净,切成小丁;青红尖椒去蒂、去籽,洗净,沥水,切成小段。

3. 净锅置火上,放入植物油烧热,先放入洋葱丁煸炒至变色,加入剁碎的豆瓣酱炒匀,加入青红尖椒段,继续煸炒至出香辣味,加入红酱油、精盐、料酒、胡椒粉烧沸。

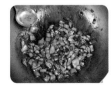

4. 倒入海丁,用旺火翻炒几分钟至入味,用水淀粉勾芡,淋上香油,出锅装盘即可。

小煎鱼条

材料 鲜鱼500克，芹黄条75克，鸡蛋清1个，泡辣椒、姜末、蒜蓉、精盐、料酒、红酱油、味精、淀粉、植物油、辣椒油各适量。

制作步骤 ZHIZUO BUZHOU

1. 鲜鱼去掉骨刺，取带皮鱼肉，洗净，切成条，加上精盐、料酒、鸡蛋清和淀粉拌匀。

2. 锅中加油烧热，下入鱼条滑散至变色，把鱼条拨至锅边，再下入泡辣椒、姜末、蒜蓉炒出香辣味。

3. 拨入鱼条和芹黄条，烹入由料酒、红酱油、精盐、味精兑成的味汁调匀，淋上辣椒油，出锅即成。

豆瓣海参

材料 水发海参750克，芹菜心30克，味精、白糖各1/2小匙，胡椒粉少许，豆瓣酱2大匙，酱油、料酒、水淀粉各1大匙，植物油4大匙，鸡汤200克。

制作步骤 ZHIZUO BUZHOU

1. 将水发海参剖开，去净腹内杂质，洗净，斜片成长片，入锅略焯，捞出；芹菜心洗净，切成粒。

2. 锅置火上，加入植物油烧热，先下入豆瓣酱煸炒出红油，倒入鸡汤和海参稍煮。

3. 加入酱油、胡椒粉、白糖、料酒和味精烧至入味，用水淀粉勾芡，撒上芹菜粒即成。

▶滑熘鱼片

材料 鲈鱼1条（约750克），胡萝卜25克，鸡蛋清1个，葱丝、姜丝、蒜片各少许，精盐、味精、胡椒粉各1/2小匙，料酒1大匙，淀粉、鲜汤、花椒油、熟猪油各适量。

🍲 制作步骤 ZHIZUO BUZHOU

1. 胡萝卜去根、去皮，洗净，切成菱形片；精盐、味精、胡椒粉、鲜汤、淀粉放入碗中调匀成芡汁。

2. 鲈鱼去鱼鳞、鱼头、鱼尾及内脏，洗净，剔去脊骨和鱼刺，取净鱼肉，切成小片，加入少许精盐、胡椒粉、鸡蛋清和淀粉拌匀、上浆。

3. 净锅置火上，加入熟猪油烧至四成热，放入鱼肉片滑散至熟，捞出、沥油。

4. 锅留底油烧热，下入葱丝、姜丝、蒜片炒香，再放入胡萝卜片略炒，烹入料酒，放入鱼片稍炒，倒入芡汁炒匀，淋入花椒油，出锅装盘即可。

▶泡菜跳水虾

材料 青虾400克,泡菜条、泡红辣椒段各50克,野山椒25克,葱花、泡姜片各10克,精盐、味精、胡椒粉各1小匙,鲜汤250克,植物油100克。

🍲 制作步骤 ZHIZUO BUZHOU

1. 青虾从背部片开(不要片断),去除沙线,洗净,加入精盐、味精和鲜汤拌匀,腌渍10分钟。

2. 锅中加油烧热,下入泡菜条、泡红辣椒段、泡姜片、野山椒,添入鲜汤、精盐、味精、胡椒粉烧沸。

3. 用中火熬煮出香辣味,再放入青虾,转小火烧约5分钟至青虾熟嫩,撒上葱花即成。

▶豆瓣豉汁鱼

材料 净鲤鱼1条(约750克),香菜末25克,葱花10克,姜末、蒜片各5克,精盐、郫县豆瓣、料酒、肉汤、豆豉、酱油、白糖、米醋、水淀粉、香油、植物油各适量。

🍲 制作步骤 ZHIZUO BUZHOU

1. 净鲤鱼剞上一字刀,抹上料酒和精盐,放入油锅内炸至色泽黄亮,捞出;郫县豆瓣、豆豉均剁碎。

2. 锅放油烧热,放入郫县豆瓣、豆豉、姜末和蒜片炒出香味,加入肉汤、鲤鱼、料酒、酱油、精盐和白糖,小火烧熟入味,捞出装盘。

3. 把烧鲤鱼的原汁加入米醋,用水淀粉勾芡,撒上葱花和香菜,淋上香油,出锅浇在鲤鱼上即成。

超简单 川菜

Part 3 风味独特汤煲羹

▶口蘑锅巴汤

材料 口蘑150克,粳米锅巴100克,豌豆苗25克,葱段、姜片各少许,精盐1小匙,味精、料酒各2小匙,香油1大匙,植物油适量。

🍲 制作步骤 *ZHIZUO BUZHOU*

1. 豌豆苗洗净,放入沸水锅内焯烫一下,捞出,用冷水过凉、沥水;把不焦的粳米锅巴刮去饭粒,切成菱形小块,烘干。

2. 口蘑用温水洗净、泡软,用少许精盐揉搓一下,再用清水洗净,放碗中,加入葱段、姜片、少许料酒和清水,上屉蒸15分钟,取出口蘑,切成片。

3. 炒锅置中火上,滗入蒸口蘑的原汁,再加入清水烧沸,放入口蘑片、料酒、精盐和味精烧沸,撒上豌豆苗,出锅倒在汤碗内,淋入香油。

4. 锅中加油烧热,下入锅巴块炸至金黄色,捞入碗内;再将口蘑汤倒在锅巴上即可。

▶海米菜叶汤

 材料 白菜叶200克,海米20克,葱末10克,精盐1小匙,味精少许,牛奶3大匙,高汤1000克,熟猪油2小匙。

🍲 **制作步骤** *ZHIZUO BUZHOU*

1. 将白菜叶洗净,切成2厘米宽、4厘米长的条;海米去除杂质,放入温水中浸泡20分钟,捞出沥干。

2. 坐锅点火,加入熟猪油烧至七成热,先下入海米煸炒片刻,再放入葱末炒出香味。

3. 然后添入高汤,加入白菜叶、精盐、味精烧沸,最后加入牛奶稍煮,撇去浮沫,盛入大碗中即可。

▶清汤冬瓜燕

材料 冬瓜300克，火腿25克，精盐1小匙，淀粉、清汤各适量。

🍲 制作步骤 ZHIZUO BUZHOU

1. 冬瓜去皮及瓤，先片成薄片，再切成细丝，蘸匀淀粉，放入沸水锅中焯透，捞出装碗。

2. 把火腿洗净，放入蒸锅内蒸至熟，取出、晾凉，切成细粒，再放入沸水锅内焯烫一下，捞出沥水。

3. 锅中加入清汤和精盐烧沸，出锅倒在盛有冬瓜丝的汤碗内，再撒上熟火腿粒即成。

▶酸菜鱿鱼汤

材料 酸菜150克，水发鱿鱼100克，油菜少许，精盐2小匙，胡椒粉1小匙，清汤750克，香油适量。

🍲 制作步骤 ZHIZUO BUZHOU

1. 酸菜去根和老叶，用清水洗净，切成小薄片；油菜取嫩菜心，洗净。

2. 水发鱿鱼去掉杂质，用清水漂洗干净，切成小块，放入沸水锅内焯煮几次，捞出。

3. 锅中加清汤烧沸，放入酸菜和鱿鱼煮5分钟，加入菜心、精盐、胡椒粉调匀，淋上香油即成。

鲜菇鸡爪汤

材料　鸡爪5只，鲜香菇100克，葱段15克，姜片10克，八角2个，精盐1小匙，味精、鸡精各1/2小匙，植物油少许。

🥣 制作步骤 ZHIZUO BUZHOU

1. 鸡爪用沸水烫至透，剥除老皮，斩去爪尖，洗净；鲜香菇去蒂，洗净，放入沸水锅内焯透，捞出过凉，去蒂，切成大片。

2. 锅中加油烧热，放入鸡爪煸炒片刻，再下入葱段、姜片、八角、清水、精盐烧至沸。

3. 转小火煮10分钟，撇去浮沫，然后放入香菇，转中火煮至鸡爪、香菇熟透时（约30分钟），加入味精、鸡精调味，出锅装碗即可。

▸虫草鸭子

材料 净嫩肥鸭子1只（约1500克），冬虫夏草10克，葱段25克，姜块20克，料酒2大匙，精盐2小匙，鸭汤750克，胡椒粉、味精各少许。

🥘 制作步骤 ZHIZUO BUZHOU

1. 冬虫夏草放温水中浸泡10分钟，取出；净嫩肥鸭子去掉内脏和杂质，放入沸水锅内焯出血水，捞出，斩去鸭嘴和鸭脚。

2. 把竹筷削尖，在鸭胸腹部斜戳上一些小孔，每戳一小孔插入一根冬虫夏草。

3. 把加工好的鸭子放在汤碗里，加入葱段、姜块（拍碎）、料酒、精盐和鸭汤，用皮纸将汤碗密封盖严，上屉蒸约3小时至软烂。

4. 取出鸭子，去掉葱姜，撇去浮油，加入胡椒粉和味精调匀，直接上桌即可。

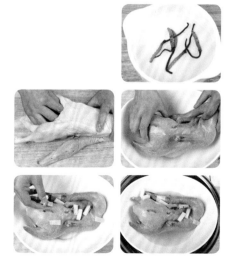

▶香菇豆腐羹

材料 豆腐200克,鲜香菇100克,葱花、姜末各5克,酱油1/2大匙,精盐、味精各1小匙,香油、水淀粉、植物油各适量,鲜汤1000克。

🍲 制作步骤 ZHIZUO BUZHOU

1. 鲜香菇洗净,切成小块;豆腐切成小块;分别下入沸水锅中焯烫一下,捞出沥水。

2. 锅内加油烧至七成热,下入姜末、葱花、花椒粉爆香,添入鲜汤、豆腐块、香菇块煮沸。

3. 再加入酱油、精盐煮至入味,加入味精,用水淀粉勾芡,淋上香油,出锅装碗即可。

酸萝卜 老鸭汤

材料 老鸭1只，酸萝卜块500克，花椒5克，姜块25克，葱段15克，精盐、胡椒粉、味精、熟猪油各适量。

制作步骤 ZHIZUO BUZHOU

1. 老鸭洗涤整理干净，放入沸水锅内焯烫一下，捞出，用冷水过凉，擦净水分。

2. 锅中加入熟猪油烧热，下入姜块、葱段和花椒煸炒香，倒入清水烧煮10分钟。

3. 加入老鸭和酸萝卜块，转小火煮90分钟至熟烂，加入精盐、胡椒粉、味精调味，出锅即可。

▶酸菜 鸡丝汤

材料 酸菜丝150克，鸡胸肉100克，胡萝卜、黄瓜、鸡蛋清各少许，精盐1小匙，花椒粉、味精、鸡精各1/2小匙，淀粉1大匙，清汤1000克。

制作步骤 ZHIZUO BUZHOU

1. 鸡胸肉去掉筋膜，洗净，切成细丝，加入少许精盐、鸡蛋清和淀粉拌匀，上浆；胡萝卜、黄瓜分别洗净，也切成丝。

2. 净锅置火上，放入清水烧沸，下入鸡肉丝滑散至变色，捞出。

3. 锅内加上清汤、酸菜丝和调料煮10分钟，放入鸡肉丝、胡萝卜丝和黄瓜丝稍煮即成。

▸旱蒸贝母鸡

材料 净贝母鸡1只(约1250克)，红枣75克，葱段25克，姜片20克，花椒3克，精盐、料酒、味精、白糖各适量。

🍲 制作步骤 *ZHIZUO BUZHOU*

1. 净贝母鸡去掉内脏、杂质和鸡爪，放入清水中浸泡30分钟，捞出，擦净表面水分。

2. 将贝母鸡放在容器内，加上少许葱段、姜片、精盐、料酒和花椒调拌均匀，腌渍30分钟，放入沸水锅内焯煮一下，捞出沥水。

3. 把收拾好的贝母鸡放在容器内，放上适量的精盐、葱段、姜片、花椒、料酒和白糖。

4. 加入洗净的红枣，用湿棉纸封口，上屉用旺火蒸约1小时至熟烂，取出，去掉湿棉纸，拣去姜葱和花椒，加入味精，上桌即成。

▶枸杞猪肝汤

材料 猪肝200克，枸杞子20克，精盐1大匙，味精2小匙，肉汤500克，植物油适量。

🍲 制作步骤 ZHIZUO BUZHOU

1. 将猪肝洗净，切成小块，放入淡盐水中浸泡片刻，捞出沥水，再放入油锅内煸炒片刻，捞出沥油；枸杞子去除杂质，洗净。

2. 锅置火上，加入植物油烧至七成热，下入猪肝块炒至变色，加入肉汤，用旺火烧沸。

3. 转小火煮至猪肝熟透，再加入枸杞子、精盐、味精稍煮几分钟，出锅装碗即成。

竹荪肝膏汤

材料 猪肝250克, 鸡蛋清3个, 竹荪15克, 净菜心10克, 葱姜汁1大匙, 精盐2小匙, 料酒5小匙, 胡椒粉、味精各少许, 鸡精1小匙, 肉汤250克, 清汤1000克。

🍲 制作步骤 ZHIZUO BUZHOU

1. 猪肝捶成细蓉, 放在大碗内, 加入少许清汤拌匀, 加入鸡蛋清、葱姜汁、精盐、料酒和胡椒粉调拌均匀成猪肝汁, 上笼蒸成肝膏。

2. 竹荪用温水泡发, 去掉根, 切成小段, 放入汤锅内, 加入肉汤、少许精盐和料酒汆烫一下, 捞出、控水。

3. 用细竹扦轻轻地将蒸好的猪肝膏沿碗边划一圈使肝膏松动, 然后把猪肝膏轻轻地扣在汤碗内。

4. 锅置火上, 加入肉汤、竹荪段、精盐、胡椒粉、味精和鸡精烧沸, 下入菜心稍煮至熟嫩, 出锅倒在盛有肝膏的汤碗内, 上桌即成。

海带猪肉汤

材料

五花肉400克，水发海带250克，葱段15克，姜片10克，八角2个，精盐、酱油各2小匙，白糖、料酒各3大匙，香油1小匙。

制作步骤 ZHIZUO BUZHOU

1. 五花肉洗净，切成小块；把水发海带放入沸水锅内煮10分钟，捞出、过凉，切成块。

2. 将香油放入锅内烧热，下入白糖炒成糖色，投入五花肉块，加入八角、葱段、姜片煸炒至上色，加入酱油、精盐、料酒炒匀。

3. 再加入适量清水煮沸，转小火煮至八成熟，放入海带块续煮10分钟，出锅即成。

▶榨菜肉丝汤

材料 猪瘦肉200克，榨菜150克，香菜末少许，葱末、姜末、蒜末各少许，精盐、味精、香油各1/2小匙，植物油1大匙。

🥄 制作步骤 *ZHIZUO BUZHOU*

1. 猪瘦肉切成细丝；榨菜去掉根，削去外皮，洗净，切成细丝，放入沸水锅中焯烫一下，捞出。

2. 坐锅点火，加入植物油烧热，先下入猪肉丝炒散，再放入葱末、姜末、蒜末炒香。

3. 添入清水烧沸，然后放入榨菜丝，加入精盐、味精，淋入香油，撒上香菜末，出锅装碗即成。

▶清汤麦穗肚

材料 猪肚400克，嫩菜叶150克，精盐、料酒、胡椒粉、淀粉、米醋、清汤、熟鸡油各适量。

🥄 制作步骤 *ZHIZUO BUZHOU*

1. 猪肚洗涤整理干净，内面顺纹路横着斜剞0.7厘米宽交叉十字花刀，再顺纹路切成长条。

2. 净锅置火上，放入适量清汤烧沸，倒入肚头焯煮至熟嫩，捞出、沥水。

3. 锅中加入清汤、精盐、料酒、胡椒粉烧沸，放入嫩菜叶、猪肚条稍煮，淋上熟鸡油，出锅即可。

▶麻辣羊肉汤

材料 羊肉750克，白萝卜块200克，蒜苗段25克，姜片15克，红干椒5个，白糖、精盐、料酒、味精、酱油、植物油、香油各适量。

🍲 **制作步骤** *ZHIZUO BUZHOU*

1. 羊肉洗净，切成块，用清水浸泡以去除血水，放入冷水锅内烧沸，煮约5分钟，捞出。

2. 锅中加入植物油烧热，下入红干椒炸成棕红色，放入羊肉块和萝卜块煸炒，放入姜片，加入料酒、酱油和清水，用旺火烧沸。

3. 用小火煮约1小时，加入白糖、精盐、味精调好口味，撒入蒜苗段，淋入香油即可。

酸萝卜 猪蹄汤

材料

猪蹄1个,泡酸萝卜250克,香菜段10克,葱段、姜片各5克,精盐、味精、料酒、生抽各2小匙,胡椒粉1/2小匙,香油1小匙。

🍲 **制作步骤** ZHIZUO BUZHOU

1. 将猪蹄刮洗干净,剁成小块,放入清水锅中煮约5分钟,捞出;泡酸萝卜切成小块,放入沸水锅内煮一下,捞出,沥干水分。

2. 锅中加入清水烧沸,放入猪蹄、料酒、葱段、姜片烧沸,转小火煮1小时至近熟。

3. 再放入酸萝卜块煮10分钟,加入精盐、味精、生抽、胡椒粉调好口味,盛出,淋上香油,撒上香菜段即成。

▶特色牛肉羹

材料 牛腩肉500克, 番茄150克, 葱段25克, 姜末、蒜瓣各15克, 五香料包1个, 精盐、味精各1/2小匙, 料酒1大匙, 酱油、水淀粉各2大匙, 香油3大匙, 高汤750克。

🍲 制作步骤 ZHIZUO BUZHOU

1. 牛腩肉洗净, 切成大块, 放入清水锅内, 加入料酒、五香料包烧沸, 用小火煮至近熟, 捞出晾凉, 切成大片; 番茄洗净, 切成小块。

2. 净锅置火上, 加入香油烧至六成热, 下入葱段、姜末和蒜瓣煸香。

3. 下入精盐、料酒、高汤、酱油烧煮至沸, 放上牛肉片, 用小火煮至熟烂, 再加入番茄块煮几分钟, 取出牛肉和番茄, 放在汤碗内。

4. 把锅内原汁去掉浮沫, 加上味精, 用水淀粉勾芡, 淋入香油, 出锅浇在牛肉上即可。

‣番茄小排骨

 小排骨400克,净番茄块150克,净文蛤肉50克,精盐1小匙,胡椒粉2小匙,淀粉、酱油各2大匙,豆瓣酱、植物油各适量。

🍲 制作步骤 ZHIZUO BUZHOU

1. 小排骨洗净,剁成小段,加入淀粉、胡椒粉、酱油拌匀腌5分钟,再放入热油锅中炸至金黄色,捞出沥油;番茄洗净,切成小块。

2. 锅置火上,加入清水、番茄块、文蛤肉、排骨段烧沸,旺火煮5分钟,再转小火煮1小时,加入豆瓣酱、精盐调好口味,出锅即可。

萝卜牛肉汤

材料 牛肉300克，小萝卜菜80克，番茄1个，精盐1小匙，味精1/2小匙，料酒2大匙，牛骨汤适量。

🍲 制作步骤 *ZHIZUO BUZHOU*

1. 将牛肉洗净，放入冰箱中速冻后取出，刨成大薄片；番茄去蒂、洗净，切成小块；小萝卜菜去蒂和杂质，用清水洗净。

2. 锅中加入牛骨汤、料酒煮沸，放入小萝卜菜、番茄块约5分钟，再加入精盐稍煮片刻，然后放入牛肉片续煮约5分钟，加入味精调味，出锅即成。

牛肉粉丝汤

材料 牛肉150克，水发粉丝25克，胡萝卜1/2根，香菜末10克，精盐、米醋、胡椒粉、水淀粉、料酒、味精、香油、植物油、高汤各适量。

🍲 制作步骤 *ZHIZUO BUZHOU*

1. 牛肉洗净，切成丝，放入碗内，加入少许精盐、料酒、水淀粉拌匀；胡萝卜洗净，切成丝。

2. 锅内加入植物油烧热，下入胡萝卜丝煸炒片刻，加入高汤、水发粉丝、精盐煮至沸。

3. 加入牛肉丝、料酒、米醋、胡椒粉、味精烧沸，用水淀粉勾芡，撒上香菜末，出锅装入汤碗，淋上香油即成。

参归猪肝煲

材料 鲜猪肝250克，党参、当归各15克，酸枣仁10克，姜末、葱末各25克，精盐4小匙，味精1小匙，料酒2大匙。

🍲 制作步骤 *ZHIZUO BUZHOU*

1. 将鲜猪肝去掉筋膜，洗净，切成大片，加入料酒、精盐、味精拌匀。

2. 酸枣仁洗净，打成碎粒；党参、当归分别洗净，捞出，沥干水分。

3. 将党参、当归、酸枣仁放入砂锅中，加入适量清水烧沸，转小火煮约10分钟。

4. 再放入猪肝片煮至变色，然后加入姜末、葱末，继续煮30分钟，即可上桌。

▶方山全羊汤

材料 羊肉750克,羊骨500克,萝卜丁200克,五香料包1个,姜片、葱段、精盐、花椒水、辣椒油各适量。

🍲 制作步骤 ZHIZUO BUZHOU

1. 将羊肉洗净,切成块;羊骨砸断铺在锅底,上面放上羊肉块,加入清水焯煮一下,捞出。

2. 锅置火上,放入羊骨,加入适量清水,用旺火烧沸,放入羊肉块稍煮片刻,再撇去杂质。

3. 放入五香料包、姜片、葱段、精盐,小火煮至八成熟,去掉料包,捞出羊肉,切成丁,把羊肉丁再放入汤锅内,加入萝卜丁、花椒水煮30分钟,出锅装碗,带辣椒油上桌即成。

香辣牛肉汤

材料 牛里脊肉300克，黄豆芽100克，红干椒段10克，郫县豆瓣1大匙，料酒2大匙，辣椒末2小匙，老抽1小匙，精盐、味精、鸡精各1/2小匙，鲜汤适量。

制作步骤 *ZHIZUO BUZHOU*

1. 牛里脊肉洗净，切成大片，加入料酒、精盐和味精拌匀，黄豆芽去根，洗净；郫县豆瓣剁碎。

2. 锅置火上，放入植物油烧至六成热，加入红干椒段、郫县豆瓣、辣椒末炒出香辣味。

3. 加入鲜汤、酱油、料酒、味精、精盐、鸡精烧煮至沸，放入黄豆芽煮至熟，捞出黄豆芽，放在汤碗内。

4. 锅内再放入牛里脊片煮至断生，离火出锅，倒在盛有黄豆芽的汤碗内，上桌即可。

雪菜黄鱼汤

材料
大黄鱼1条（约750克），雪里蕻、冬笋片各50克，葱段、姜片各10克，精盐、味精各2小匙，胡椒粉少许，料酒2大匙，植物油4大匙。

制作步骤 ZHIZUO BUZHOU

1. 大黄鱼洗涤整理干净，在尾部两面肉厚处各刽几刀；雪里蕻洗净，切成5厘米长的段。

2. 锅中加入植物油烧热，下入大黄鱼煎至上色，烹入料酒，放入葱段、姜片炒匀。

3. 加入雪里蕻、冬笋和适量清水烧沸，转中小火煮10分钟，拣去葱段、姜片，加入精盐、味精、胡椒粉调好口味，装碗上桌即成。

▶川湘咸鱼汤

 咸鱼200克，青蒜苗100克，姜片、精盐、味精、料酒、植物油、香油各适量。

🍲 **制作步骤** *ZHIZUO BUZHOU*

1. 将咸鱼放入冷水中浸泡40分钟，去掉鱼鳞、洗净，切成大块；青蒜苗去根，洗净，切成小段。

2. 锅中加上植物油烧热，先用小火将咸鱼煎至两面微黄，加入清水，再用小火煮10分钟。

3. 然后改用旺火煮5分钟，再放入青蒜苗段、精盐、料酒、味精和香油调匀，出锅即成。

▶嫩茄文蛤汤

 文蛤400克，长茄子100克，姜丝、红干椒段、精盐、味精、料酒、香油、白糖、植物油、清汤各适量。

🍲 **制作步骤** *ZHIZUO BUZHOU*

1. 文蛤用淡盐水浸泡，洗净；长茄子去蒂，削去外皮，用淡盐水浸泡并洗净，取出，切成圆块。

2. 锅置火上，加入植物油烧热，下入姜丝和文蛤炒香，再放入茄块、清汤、料酒调匀。

3. 用小火煮10分钟，加入精盐、味精、白糖、红干椒段稍煮，淋入香油，离火出锅即成。

珧柱炖鲜虾

材料 鲜虾200克, 净仔鸡、白菜心各150克, 珧柱5粒, 火腿粒少许, 精盐、鸡精各1小匙, 清汤750克。

🍲 **制作步骤** ZHIZUO BUZHOU

1. 鲜虾挑去沙线, 洗净; 白菜心洗净, 撕成大块, 放入沸水锅中焯烫一下, 捞出沥水。

2. 珧柱放入碗中, 加入清水泡透; 净仔鸡剁成大块, 放入清水锅中煮熟, 捞出沥水。

3. 将珧柱、鲜虾、鸡肉块、火腿粒和白菜放入炖锅中, 加入清汤, 放入锅中, 隔水炖40分钟, 加入精盐、鸡精调味, 取出上桌即可。

▶胡椒*海参汤*

材料

水发海参250克，香菜段15克，葱丝、姜汁、精盐、胡椒粉、酱油、味精、料酒、香油、熟猪油、鸡汤各适量。

🥢 **制作步骤** *ZHIZUO BUZHOU*

1. 水发海参去除腹内黑膜，洗净泥沙，片成大片，放入清水锅中焯透，捞出沥水。

2. 锅置旺火上，加入熟猪油烧热，先下入葱丝稍炒，再烹入料酒，加入鸡汤、味精、姜汁、酱油、精盐和胡椒粉烧沸。

3. 放入海参片，小火烧煮至入味，淋入香油，出锅，撒上少许葱丝、香菜段即成。

▶酸菜鱼汤

材料 净鱼1条（约750克），泡青菜条250克，鸡蛋清2个，蒜瓣25克，姜片15克，花椒粒3克，泡红辣椒末、精盐、料酒、味精、淀粉、胡椒粉、味精、鲜汤、植物油各适量。

🍲 制作步骤 *ZHIZUO BUZHOU*

1. 净鱼片下两扇鱼肉，片成片，加入精盐、料酒、味精、鸡蛋清和淀粉拌匀，鱼头劈开，把鱼骨剁成块。

2. 锅中加油烧热，放上蒜瓣、姜片、花椒粒爆香，再下入泡青菜条煸炒片刻，倒入鲜汤烧煮至沸。

3. 下入鱼头、鱼骨块烧沸，烹入料酒，放入精盐、胡椒粉调味，再放入鱼片抖散，稍煮几分钟至断生。

4. 锅中加油烧热，下入泡辣椒末炒香，出锅倒入盛有鱼片的汤锅内，再放入味精，出锅装碗即成。

▶家常带鱼煲

 带鱼1条,白菜叶、水发粉丝各75克,葱花、姜末、蒜末各少许,精盐、鸡精各1小匙,白糖、酱油、香醋、香油各2小匙,豆瓣酱、料酒各1大匙,鲜汤、植物油各适量。

🍲 制作步骤 ZHIZUO BUZHOU

1. 带鱼去除内脏,洗净,切成段,用精盐、料酒、酱油略腌,下入热油锅中炸透,捞出;白菜叶洗净,入锅焯水,同粉丝一起放入砂锅。

2. 锅中加入植物油烧热,下入葱花、姜末、蒜末、豆瓣酱炒香,放入料酒、鲜汤、带鱼、精盐、鸡精、白糖、酱油、香醋,小火炖至入味。

3. 离火出锅,把带鱼倒入盛有白菜叶的砂锅内,再把砂锅置火上烧热,淋上香油,即可上桌。

白菜螺片汤

材料 海螺300克，白菜片150克，红椒片少许，蒜片10克，精盐1小匙，味精1/2小匙，白糖、葱油、植物油、清汤各适量。

🍲 **制作步骤** ZHIZUO BUZHOU

1. 海螺砸碎外壳，取出螺肉，用淡盐水浸泡，切成薄片，放入沸水锅内焯烫一下，捞出。

2. 锅中加油烧热，放入红椒片、白菜片炒匀，加入精盐、蒜片、白糖、味精同炒至入味。

3. 再加入清汤、海螺片，小火煮至熟香入味，淋上葱油推匀，出锅倒在汤碗内即成。

半汤鲈鱼

材料 鲈鱼1条（约750克），白萝卜丝250克，葱丝、姜丝各15克，料酒1大匙，奶汤500克，精盐、胡椒粉、味精、熟鸡油、熟猪油、姜醋味碟各适量。

🍲 **制作步骤** ZHIZUO BUZHOU

1. 鲈鱼洗涤整理干净，剞上浅一字花刀；白萝卜去根，削去外皮，洗净，切成细丝。

2. 锅中加入熟猪油烧热，下入鲈鱼煎炸2分钟，再下入葱丝、姜丝、萝卜丝，烹入料酒炒匀。

3. 加入奶汤、精盐、胡椒粉煮沸，加入味精，淋上熟鸡油，出锅装碗，配姜醋味碟一起上桌即成。

▸二黄 汤鱼

材料 鲜鱼1条 (约750克), 水发香菇片、玉兰片各25克, 鸡蛋清1个, 葱花15克, 泡辣椒、泡姜、花椒、精盐、料酒、味精、鲜汤、胡椒粉、淀粉、植物油各适量。

🍲 制作步骤 *ZHIZUO BUZHOU*

1. 玉兰片洗净, 切成小片; 鲜鱼洗净, 剔去鱼骨, 取净鱼肉, 片成大片, 放在碗内, 加入精盐、料酒、味精拌匀, 再放入鸡蛋清和淀粉拌匀、上浆。

2. 锅中加油烧热, 下入剁细的泡辣椒、泡姜、花椒炒出香辣味, 加入鲜汤烧煮至沸, 转小火煮5分钟, 撇去料渣, 放入香菇片、玉兰片略煮。

3. 将加工好的鱼片抖散入锅, 再加上精盐、味精、胡椒粉烧沸并煮熟, 出锅倒在汤盆内, 撒上葱花, 上桌即成。

 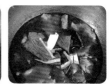

▶鸽蛋鲍片汤

材料 鲜鲍鱼450克，熟鸽蛋200克，冬笋、冬菇各适量，精盐少许，味精、鸡精各2小匙，上汤1500克。

制作步骤 *ZHIZUO BUZHOU*

1. 鲜鲍鱼去壳，洗净，切成薄片，放入沸水中焯烫一下，捞出沥干；熟鸽蛋去壳；冬笋洗净，切成大片；冬菇去蒂，洗净，也切成片。

2. 锅中加入上汤，先放入精盐、味精、鸡精、鸽蛋烧沸，再转小火煮至入味，然后下入鲍鱼片、冬笋、冬菇续煮几分钟，出锅装碗即可。

▶香辣牛蛙汤

材料 牛蛙500克，净生菜150克，豆芽100克，葱段、姜片各15克，蒜瓣10克，红干椒5克，辣椒粉、精盐各1小匙，鸡精少许，料酒、酱油、植物油各适量。

制作步骤 *ZHIZUO BUZHOU*

1. 牛蛙去皮，洗净，剁成大块，放入热油锅中炸至变色，捞出；豆芽洗净，用沸水焯熟，捞出装碗。

2. 锅中加油烧热，下入葱段、姜片、蒜瓣、红干椒、辣椒粉炒香，加入清水烧沸，然后放入牛蛙稍煮。

3. 加入料酒、精盐、酱油煮至牛蛙熟嫩，放入生菜叶，加入鸡精，出锅倒在豆芽碗内，上桌即可。

超简单 川菜

Part 4 特色主食和小吃

▶八鲜面

材料 熟面条400克，黄瓜150克，猪瘦肉125克，蒲菜50克，熟笋、水发海米、青豆、熟鸡胸肉、蒸鸡蛋糕各25克，精盐、味精、肉汤各适量。

🌹制作步骤 ZHIZUO BUZHOU

1. 猪瘦肉、蒸鸡蛋糕、熟笋、熟鸡胸肉、黄瓜均切成丁；蒲菜洗净，切成小段。

2. 锅中加油烧热，放入猪肉丁略炒，再加入肉汤，放入水发海米、青豆、熟笋、鸡蛋糕、黄瓜、蒲菜烧煮至沸。

3. 然后加入精盐、味精、鸡肉丁调匀成八鲜面臊，出锅浇入熟面条碗内即成。

▶黑芝麻饼

材料 面粉500克，熟黑芝麻仁150克，精盐2小匙，植物油200克。

🍲 制作步骤 ZHIZUO BUZHOU

1. 面粉加上精盐和温水和成软面团，略饧，擀成大薄片，刷上植物油，撒上熟黑芝麻仁，撒匀后从一边卷起成芝麻面卷。

2. 把芝麻面卷切成每个重150克的剂子，每个剂子从两端刀切面按扁，再分别向中间对折，再按扁，擀成圆饼坯。

3. 平底锅刷上植物油，放入饼坯，用小火慢慢煎烙，边烙边往饼面上刷油，烙至饼面上起匀小泡翻面，翻面烙至熟透，取出即成。

黄金汤饺

材料 猪肉末150克，鸡蛋4个，香菜末少许，葱粒、姜末各10克，精盐、酱油、鸡精、味精、香油各适量。

制作步骤 *ZHIZUO BUZHOU*

1. 将猪肉末放入容器内，加入姜末、精盐、酱油和香油搅匀成馅料。

2. 鸡蛋打散成鸡蛋液，倒入热锅内摊成鸡蛋皮，出锅晾凉，放入馅料，包成汤饺生坯。

3. 锅中加水烧沸，放入汤饺生坯煮熟，加入酱油、精盐、鸡精调味，撒上香菜末、葱粒即成。

川香玉米饼

材料 玉米面200克，鸡蛋2个，韭菜、西葫芦各50克，净虾皮25克，葱花15克，精盐1小匙，鸡精1/2小匙，五香粉少许，植物油2大匙。

制作步骤 *ZHIZUO BUZHOU*

1. 玉米面放入容器内，加入精盐、鸡精、五香粉、葱花、少许鸡精和温水拌匀成面糊。

2. 韭菜切段；西葫芦洗净，切成细丝，全部放入碗内，加入鸡蛋、虾皮和精盐拌匀成馅料。

3. 平底锅置火上烧热，抹上一层植物油，取少许面糊，放入锅内摊成圆形，放入少许馅料，加盖后煎约5分钟至熟香，出锅即成。

▶*赖汤圆*

材料 糯米粉800克，黑芝麻200克，醪糟米150克，白糖、熟猪油各300克。

🍥 制作步骤 *ZHIZUO BUZHOU*

1. 糯米粉过细罗，放入盆内，先加入100克熟猪油揉搓均匀，再加入100克白糖和适量清水调拌均匀，揉搓成糯米面团。

2. 黑芝麻放入烤箱中烤熟，取出、晾凉，擀压成细末，加入白糖、熟猪油、醪糟米拌匀，搓成小条，切成小丁，放入冰箱冷冻1小时。

3. 糯米面团每15克下一个剂子，放在手心上轻轻压成扁圆片，放入1粒黑芝麻馅心，封口后揉成圆球状成汤圆生坯。

4. 锅中加入清水烧沸，放入汤圆生坯，用小火煮至浮起，撇去表面的浮沫，出锅，连汤汁一同倒入大碗中即可。

▶荷叶饼

材料 中筋面粉500克，酵母粉15克，白糖3大匙，熟猪油1大匙，植物油2大匙。

🍲 制作步骤 *ZHIZUO BUZHOU*

1. 将中筋面粉放入容器中，加入白糖、酵母粉、熟猪油和匀成面团，稍饧10分钟。

2. 将面团放在案板上，擀成长方形面皮，再用小碗扣成圆形饼皮，在饼皮的表面刷上植物油，再对折成半圆形，然后在上面剞上花刀成生坯。

3. 把生坯用湿布盖严，饧45分钟，再放入蒸锅内，旺火蒸8分钟至熟，取出即可。

▶竹筒鲜虾饭

![材料] 大米、鲜虾、香葱各适量,精盐、味精各1/2大匙,胡椒粉适量,料酒1大匙,高汤3大匙。

🍲 **制作步骤** *ZHIZUO BUZHOU*

1. 把大米用清水淘洗干净;香葱择洗干净,切成香葱花;把精盐、味精、料酒、胡椒粉、高汤放入碗中调匀成味汁。

2. 鲜虾洗净,剪去虾枪,从背部剞一刀,挑除沙线,放入碗中,加入精盐、料酒拌匀,腌渍10分钟。

3. 取竹筒1个洗净,放入沸水锅内烫一下,捞出擦净水分,装入大米,加入适量清水(没过米面1厘米),盖严竹筒盖。

4. 蒸锅置火上烧沸,放入竹筒,用旺火蒸约45分钟,取出,揭开竹筒盖,摆上鲜虾,洒上味汁,盖上盖,放入蒸锅中蒸熟,撒上香葱花即可。

多味萝卜饼

材料 胡萝卜、豆沙馅各400克，面粉250克，糯米粉50克，泡打粉稍饧，白糖2大匙，植物油100克。

制作步骤 *ZHIZUO BUZHOU*

1. 胡萝卜去皮，放入蒸锅内蒸熟，取出晾凉，放入容器内捣成泥状，再加入白糖、泡打粉、面粉、糯米粉和匀成面团。

2. 将面团揪成大小均匀的面剂、按扁，包入豆沙馅团成球状，按扁成小圆饼坯。

3. 平底锅加植物油烧热，放入饼坯，烙至两面呈金红色、熟透，盛出，装盘即成。

▶萝卜煎糕

材料 黄米面、白萝卜丝各500克,鹰栗粉200克,火腿粒100克,腊肠粒50克,海米末30克,味精、白糖各1大匙,精盐、胡椒粉、香油各2小匙,淀粉100克,植物油适量。

🍲 **制作步骤** *ZHIZUO BUZHOU*

1. 将白萝卜丝、火腿、腊肠粒、海米末一起放入沸水中烫熟,捞出;黄米面、鹰栗粉、淀粉混合均匀,加入调味料调成面糊。

2. 坐锅点火,加入清水、面糊、剩余原料搅匀,倒入方盒内压平,放入蒸锅内蒸熟,取出,切成小块,放入油锅中煎至金黄色即可。

▶高县鸭儿粑

材料 糯米粉400克,蜜玫瑰、核桃仁、熟芝麻各50克,白糖150克,熟猪油适量。

🍲 **制作步骤** *ZHIZUO BUZHOU*

1. 将糯米粉加入少许白糖和温水调匀,揉搓均匀成粉团,盖上湿布、稍饧。

2. 蜜玫瑰切成碎粒;核桃仁、熟芝麻入锅炒香,出锅晾凉,加入熟猪油、蜜玫瑰和白糖拌匀成馅心。

3. 面团搓成条,下成粉剂,轻轻压扁,包入馅心,搓成圆球状成鸭儿粑生坯,将粽子叶浸湿,放在笼内垫底,摆上生坯,上屉蒸熟,出锅即可。

红油肉末面

材料 刀切宽面条300克,牛肉75克,油菜50克,红干椒15克,葱末、姜末各5克,料酒2小匙,豆瓣酱1大匙,精盐、味精、辣椒油各少许,酱油1小匙,高汤700克,植物油2大匙。

🍲 **制作步骤** ZHIZUO BUZHOU

1. 牛肉剔去筋膜,洗净,切成细末;油菜择洗干净,切成小段;红干椒去蒂,洗净,切成细丝。

2. 锅内加入植物油烧热,放入红干椒丝炸香,下入牛肉末炒至变色,再放入豆瓣酱、葱末、姜末炒出香味,加入高汤烧沸。

3. 下入刀切宽面条煮至熟,加入料酒、精盐、酱油,下入油菜段、味精调匀,淋入辣椒油,出锅装碗即成。

灌汤煎饺

材料

冷水面团500克, 羊肉末300克, 鸡汁冻适量, 葱末30克, 姜末20克, 精盐、鸡精各1/2小匙, 料酒、酱油各1大匙, 味精、香油各适量。

🍲 **制作步骤** ZHIZUO BUZHOU

1. 羊肉末加入料酒、香油、酱油、精盐、鸡精、味精搅匀; 鸡汁冻切碎, 同葱末、姜末一起放入羊肉末内拌匀成馅料。

2. 面粉用冷水调匀, 揉搓成面团, 略饧, 再搓成长条, 揪成剂子, 擀成圆皮, 包入馅料, 捏成饺子生坯, 放入平底锅内煎至熟香, 出锅即成。

▶川味豆花面

材料 豆花150克，面条100克，红苕粉20克，花生米15克，油酥黄豆、腌大头菜各5克，葱花、花椒粉各少许，酱油2大匙，红油辣椒、芝麻酱各2小匙，植物油适量。

🍲 制作步骤 ZHIZUO BUZHOU

1. 红苕粉放入碗中，加入清水50克泡透，搅匀成红苕粉汁；把芝麻酱、酱油放入小碟调散，加入花椒粉、红油辣椒调匀成麻酱味碟。

2. 腌大头菜洗净，切成小粒；花生米放入温油锅内炸至酥，捞出、晾凉、去皮，压成碎粒。

3. 锅中加入清水500克，用中火烧沸，慢慢倒入红苕粉汁，用手勺轻轻搅匀成浓汁，再舀入豆花烧沸，转微火保温。

4. 把面条下入沸水锅中煮至熟，捞出，装入面碗中，舀上豆花，撒上酥花生米、酥黄豆、大头菜粒、葱花，带麻酱味碟上桌即成。

▶风味水饺

材料 面粉400克,猪腿肉300克,鸡蛋1个,花椒水、姜末、蒜蓉、精盐、酱油、辣椒油、味精各适量。

🍚 制作步骤 ZHIZUO BUZHOU

1. 将面粉放在容器内,加入适量温水和成比较软的面团,盖上湿布、稍饧;把面团搓成长条,下成每个重15克的小面剂,放在案板上,擀成圆形饺子皮。

2. 猪腿肉去除筋膜,洗净,剁成猪肉蓉,加入花椒水、姜末、精盐、味精、鸡蛋液搅拌均匀馅料;取一张饺子皮,中间放入适量馅料,捏花边封口成饺子生坯。

3. 锅中加入清水烧沸,下入饺子煮熟,捞入盘内,再加入酱油、辣椒油、蒜蓉调匀即成。

▶叶儿粑

 糯米粉500克, 豆沙馅200克, 苏子叶150克, 白糖、熟猪油各100克。

🥢 制作步骤 *ZHIZUO BUZHOU*

1. 将糯米粉放在容器内, 加入白糖、熟猪油及适量清水调匀, 揉成面团, 盖上湿布稍饧; 苏子叶用温水浸泡并洗净, 取出、沥水。

2. 将面团搓成长条状, 每35克下一个面剂, 按扁后包入豆沙馅, 再揉成椭圆形。

3. 然后包上洗净的苏子叶成叶儿粑生坯, 放入蒸锅内, 用旺火蒸8分钟, 即可取出。

▶铜井巷 *素面*

材料 韭菜叶面条400克, 葱末、蒜瓣、豆豉、油辣椒、芝麻酱、香油、花椒粉、红酱油、味精、米醋各适量。

🥢 制作步骤 *ZHIZUO BUZHOU*

1. 净锅置火上, 放入清水烧沸, 放入韭菜叶面条煮至熟, 捞出, 放在面碗内; 豆豉切碎; 蒜瓣去皮, 剁成蓉。

2. 把葱末、蒜蓉、豆豉放在碗内, 加上油辣椒、芝麻酱、香油、花椒粉、红酱油、味精、米醋拌匀成味汁, 淋在面条上即可。

红焖排骨面

材料 面条500克，猪排骨200克，油菜75克，葱段10克，姜片、蒜片各5克，红干椒段、花椒、八角、味精、白糖、料酒各适量，精盐1小匙，酱油1大匙，植物油2大匙。

🍲 制作步骤 *ZHIZUO BUZHOU*

1. 油菜洗净，根部剞上十字花刀；猪排骨洗净，剁成块；把排骨块、油菜分别放入沸水锅内焯烫一下，捞出沥水。

2. 锅中加油烧热，下入葱段、姜片、蒜片、八角炝锅，放入排骨、花椒、红干椒段煸炒。

3. 加入酱油、精盐、白糖、料酒和清水烧沸，转小火焖煮约1小时至排骨酥烂，捞出花椒、八角、红干椒段、葱、姜、蒜，制成浇汁。

4. 将面条放入清水锅内煮熟，捞出装碗，放上油菜和排骨块，淋上浇汁即可。

▶韩包子

材料 发酵面团500克，猪肉300克，葱末、姜末、精盐、味精、鸡精、香油、植物油、熟猪油各适量。

🍲 制作步骤 *ZHIZUO BUZHOU*

1. 猪肉去掉筋膜，洗净血污，剁成碎末，放在容器内，先加入姜末、葱末调匀，再放入精盐、味精、鸡精、香油、植物油调匀成馅料，放入冰箱中冷冻15分钟。

2. 发酵面团加上熟猪油揉匀，揪成面剂，擀成薄皮，包入馅料，捏褶收口，制成生坯。

3. 蒸锅内加入清水烧沸，放入包子生坯蒸15分钟至熟，取出，装盘即成。

▶风味麻团

材料 糯米粉、豆沙馅各500克，芝麻250克，小麦淀粉100克，白糖3大匙，熟猪油5大匙，植物油1000克（约耗75克）。

🥣 制作步骤 *ZHIZUO BUZHOU*

1. 豆沙馅加入少许糯米粉搓匀，下成每个15克的剂子成馅心；芝麻放入锅内炒至熟香，取出、晾凉。

2. 小麦淀粉放入盆内，倒入沸水拌成浓糊状，加入糯米粉、白糖、熟猪油调匀，揉匀成面团，稍饧。

3. 把面团搓成长条，每25克下一个面剂，擀成圆饼状，放入馅心，包好封口，揉搓成圆球，沾上清水，滚匀一层芝麻。

4. 锅中加油烧热，下入麻团并沿锅底轻轻推动，待炸至麻团膨胀浮起、呈金黄色时，捞出即成。

香菇鲜虾粥

材料

大米150克，鲜虾仁100克，香菇2朵，大葱15克，精盐、味精、胡椒粉各1小匙，香油2小匙。

制作步骤 ZHIZUO BUZHOU

1. 香菇用温水泡软，捞出、冲净，切成块；大米淘洗干净，放入清水中浸泡1小时。

2. 将大葱择洗干净，切成2厘米长的小段；鲜虾仁、香菇块放入沸水中稍烫，捞出。

3. 大米放入锅中，加入适量清水煮成米粥，再放入虾仁、香菇、葱段煮约10分钟，加入精盐、味精、香油、胡椒粉调好口味即可。

▶ 盐边羊肉米线

材料 米线750克,带骨鲜羊肉500克,香菜段适量,丁香、草果、山柰、桂皮各少许,葱花、精盐、鸡精、油海椒各适量。

🍲 **制作步骤** *ZHIZUO BUZHOU*

1. 带骨鲜羊肉放入冷水锅内,加入丁香、草果、山柰、桂皮,中火煮2小时。

2. 捞出,取下熟羊肉,切成片;再将羊骨放入汤锅内煮成羊汤,加入精盐、鸡精调匀。

3. 米线入锅用沸水煮熟,捞出装碗,浇上羊肉汤,放入羊肉片,撒上葱花、香菜段、油海椒即可。

▶ 南瓜紫薯包

材料 蒸熟的南瓜蓉300克,低筋面粉150克,紫薯蓉100克,发酵粉少许,熟猪油、白糖、饴糖各适量。

🍲 **制作步骤** *ZHIZUO BUZHOU*

1. 蒸熟的南瓜蓉加上低筋面粉、发酵粉和熟猪油揉搓均匀成发酵面团,稍饧10分钟。

2. 将发酵面团揉搓均匀,分成每个25克重的剂子,再用模具压成梅花形。

3. 紫薯蓉加上白糖、饴糖拌匀,酿入梅花形南瓜中成生坯,再放入蒸锅内,旺火蒸熟,取出即可。

▶酸辣凉捞面

材料 玉米面条200克，海带丝、绿豆芽各50克，辣白菜20克，香菜段10克，蒜末15克，精盐1/2小匙，白糖、酱油各2小匙，味精少许，米醋、香油、辣椒油各1大匙。

🥘 **制作步骤** ZHIZUO BUZHOU

1. 海带丝、绿豆芽分别洗净，放入沸水锅内焯透，捞出，再放入冷水锅投凉，装碗。

2. 取小碗，加入酱油、米醋、精盐、白糖、味精、蒜末、香油、辣椒油调匀成味汁。

3. 将玉米面条放入清水锅内煮熟，捞出面条，放在盛有海带丝和绿豆芽的碗内，放上辣白菜、香菜段，浇入味汁即成。

辣子鸡块面

材料

净仔鸡块400克，手擀面条200克，红干椒10克，精盐、味精、花椒各1小匙，料酒1大匙，酱油2大匙，鸡汤500克，植物油3大匙。

制作步骤 ZHIZUO BUZHOU

1. 将手擀面条放入清水锅内煮至软熟，捞出，用冷水投凉，沥净水分，码放在盘内。

2. 锅中加植物油烧热，下入红干椒、花椒炸香，烹入料酒、酱油，下入鸡块炒至变色。

3. 再加入鸡汤、精盐烧沸，用小火焖至熟烂，加入味精，出锅浇在熟面条上即成。

雪菜肉丝面

材料 面条200克, 腌雪里蕻150克, 猪里脊肉100克, 红辣椒15克, 姜末10克, 精盐、酱油、淀粉各1/2小匙, 白糖1/3小匙, 香油、高汤各适量, 植物油1大匙。

制作步骤 ZHIZUO BUZHOU

1. 腌雪里蕻用清水浸泡以洗去盐分, 切成碎末; 红辣椒洗净, 去蒂及籽, 切碎。

2. 猪里脊肉洗净, 切成细丝, 放入碗中, 加入少许精盐、酱油、淀粉和植物油拌匀, 腌渍5分钟。

3. 锅中加油烧热, 下入红椒末、姜末炒香, 放入猪肉丝、雪里蕻、白糖略炒, 加入少许高汤、精盐、酱油炒匀, 淋上香油, 出锅装碗成雪菜肉丝卤。

4. 锅中加入清水烧沸, 放入面条煮熟, 捞出, 再把熟面条放入高汤锅内略煮, 连汤盛入碗内, 淋上香油, 放上雪菜肉丝即成。

▶烂锅面

材料 面粉500克，白菜心、猪瘦肉各适量，葱末、姜末、精盐各2小匙，味精1/2小匙，料酒1小匙，肉汤1250克，熟猪油75克。

🍲 制作步骤 *ZHIZUO BUZHOU*

1. 面粉放入盆内，加入适量清水和好，制成面条；猪肉洗净，切成片；白菜心切成小段。

2. 锅中加入熟猪油烧热，放入葱末、姜末炒香，再放入肉片煸炒至熟，放入白菜心、精盐、料酒、肉汤烧沸，捞出肉片和白菜段。

3. 将面条下到汤锅内，待面条煮烂时，加入味精，再放入猪肉片、白菜心段烧沸，出锅装碗即可。

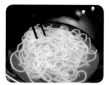

157

▶资中兔子面

材料 面条、兔肉各500克,熟芝麻适量,葱段、姜片、八角、桂皮、精盐、酱油、白糖、米醋、花椒粉、姜汁、油辣子各适量。

🍲 制作步骤 ZHIZUO BUZHOU

1. 兔肉洗净,放入净锅内,加入葱段、姜片、八角、桂皮、精盐、酱油、白糖、清水煮熟。

2. 取出兔肉,切成小粒,再放入原锅内,继续熬煮几分钟成兔肉面臊。

3. 锅中加水烧沸,下入面条煮熟,捞出,加上米醋、花椒粉、姜汁、油辣子和熟芝麻,放上面臊即成。

▶重庆酸辣粉

材料 红苕粉条400克,油酥黄豆、嫩豆苗各适量,葱花25克,酱油、米醋、红油辣椒、花椒粉、熟猪油、鲜汤各适量。

🍲 制作步骤 ZHIZUO BUZHOU

1. 红苕粉条先用沸水浸泡至熟;嫩豆苗洗净,放入沸水锅内烫至断生,捞出;酱油、米醋、红油辣椒、花椒粉、熟猪油调匀成味汁。

2. 汤锅置火上烧沸,把红苕粉条放入竹漏瓢内,浸入鲜汤中稍烫一下,离火,倒入盛有味汁的碗内。

3. 在红苕粉条上面放上烫至断生的嫩豆苗,撒上油酥黄豆、葱花,上桌即成。

成都担担面

材料 熟面条250克, 五花肉末100克, 水发木耳、香菇、口蘑、熟芝麻、香葱粒各适量, 蒜蓉15克, 精盐、味精各少许, 白糖、料酒、酱油、清醋、芝麻酱、植物油各1大匙, 香油、辣椒油各1小匙, 鸭汤适量。

🍜 制作步骤 ZHIZUO BUZHOU

1. 芝麻酱放入小碗内, 先加入清水、料酒、酱油调至浓稠, 再加入白糖、清醋、精盐、味精、香油、辣椒油拌匀成味汁。

2. 将木耳、香菇、口蘑分别切成小粒, 放入沸水锅内焯烫一下, 捞出、沥水。

3. 净锅置火上, 加上植物油烧至六成热, 下入猪肉末煸炒至变色, 烹入料酒, 放入木耳、香菇、口蘑炒匀, 倒入调制好的味汁略炒。

4. 添入鸭汤烧煮至沸, 出锅倒入盛有熟面条的面碗中, 撒上香葱粒、熟芝麻、蒜蓉即可。

图书在版编目（CIP）数据

超简单川菜 / 高玉才主编. -- 长春：吉林科学技术出版社，2014.8
　ISBN 978-7-5384-8081-8

Ⅰ．①超… Ⅱ．①高… Ⅲ．①川菜－菜谱 Ⅳ．①TS972.182.71

中国版本图书馆CIP数据核字(2014)第195110号

超简单
川菜🍴
Chaojiandan chuancai

主　　编　高玉才
出 版 人　李　梁
策划责任编辑　张恩来
执行责任编辑　赵　渤
封面设计　雅硕图文工作室
制　　版　雅硕图文工作室
开　　本　710mm×1000mm　1/16
字　　数　150千字
印　　张　10
印　　数　1-10 000册
版　　次　2014年11月第1版
印　　次　2014年11月第1次印刷
出　　版　吉林科学技术出版社
发　　行　吉林科学技术出版社
地　　址　长春市人民大街4646号
邮　　编　130021
发行部电话/传真　0431-85677817　85635177　85651759
　　　　　　　　　　　　85651628　85600611　85670016
储运部电话　0431-86059116
编辑部电话　0431-85635186
网　　址　www.jlstp.net
印　　刷　沈阳天择彩色广告印刷股份有限公司
书　　号　ISBN 978-7-5384-8081-8
定　　价　18.00元
如有印装质量问题可寄出版社调换
版权所有　翻印必究　　举报电话：0431-85635186